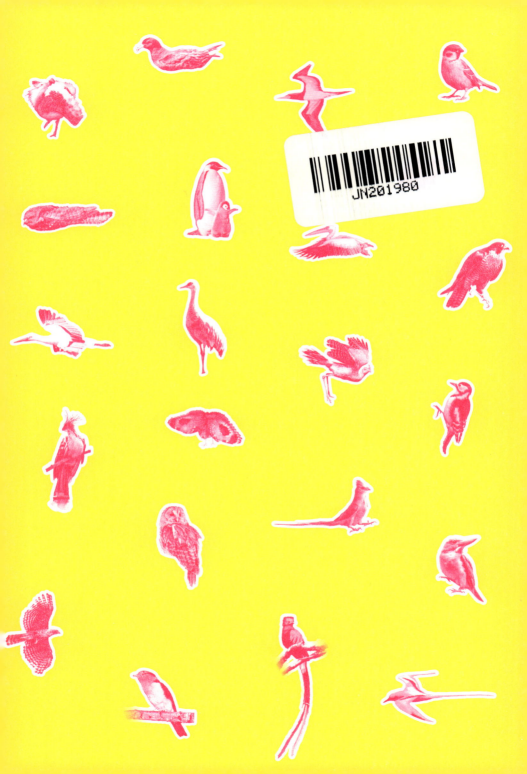

prologue

アマツバメ目
ハチドリ科
ミドリハチドリ

偶然…
じゃなくて
必然!?

"他鳥の

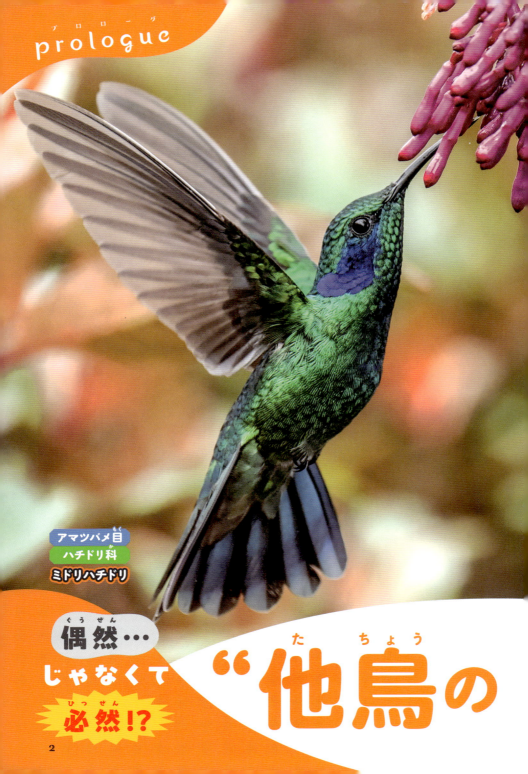

タイヨウチョウ科
キバラタイヨウチョウ
スズメ目

フウキンチョウ科
ベニハワイミツスイ

ミツスイ科
ルリミツドリ

空似"アルバム

登場する鳥たちについて →p33

チドリ目　ウミスズメ科　ウミガラス

チドリ目 ウミスズメ科 ウミスズメ

ペンギン目 ペンギン科 アデリーペンギン

ヘラサギ

ベニヘラサギ

ペリカン目 トキ科

アフリカヘラサギ

チドリ目
チドリ科
ツバメチドリ

ヨーロッパアマツバメ　アマツバメ目　ヒメアマツバメ
アマツバメ科

ハヤブサ目
ハヤブサ科
ハヤブサ

はじめに

　知れば知るほど知りたくなる「おもしろふしぎ鳥類学の世界」を毎回テーマごとにのぞいてきたこの鳥図鑑シリーズ。「しぐさ・行動」「食べもの」「親子・子育て」「落としもの・足あと」に続く第5弾となる本書では、鳥たちの「なかまとつながり（分類・系統）」をテーマにお送りしていきます。以前の4テーマは鳥そのものに注目するものでしたが、今回は鳥についてはもちろん、鳥を知ろうとする人間のさまざまな試みのあゆみ＝いわゆ

タカ目
ミサゴ科
ミサゴ

る試行錯誤についても自ずと紹介することになりました。
　思えば去る2024年は鳥に対する人間の好奇心が広く注目を集めた年でした。日本の鳥を知るための基礎文献である『日本鳥類目録 改訂第8版』の出版、国立科学博物館が初めて鳥類メインの特別展を開催と、鳥への新たな興味の呼び水となりそうな出来事も続きました。これからもさらにおもしろくなりそうな鳥類学の世界、ますます目がはなせません！

鳥のなかま＆分類・系統図鑑　｜　もくじ

2　**prologue**
偶然…じゃなくて必然！？
"他鳥の空似"アルバム

10　はじめに

15　**鳥の分類・系統にまつわる
なるほど知識**

16　鳥のなかまのあゆみ
22　鳥のなかまの表し方
24　鳥のなかまの分け方
28　進化による"他鳥の空似"

30　**COLUMN　鳥たちの2つの「選択」**

34　「飛ばない」を選んだ鳥たち
36　「渡り」を選んだ鳥たち
38　アップデートされるなかま

40　**COLUMN　和名はどんなふうに決まる？**

42　日本固有種と起源種
46　人が鳥におよぼす影響

49　**鳥のなかま
現生の44目別 図鑑**

50　恐竜（獣脚類）から鳥への道
52　鳥のなかま図鑑 各ページの見方

54	**1** ダチョウ目
55	**2** レア目
56	**3** キーウィ目
57	**4** ヒクイドリ目
58	**5** シギダチョウ目
59	**COLUMN** 古顎類の系統いまむかし
60	**6** カモ目
63	**7** キジ目
66	**8** ヨタカ目
67	**9** アブラヨタカ目
68	**10** タチヨタカ目
69	**11** ガマグチヨタカ目
70	**12** ズクヨタカ目
71	**COLUMN** ヨタカの系統いまむかし
72	**13** アマツバメ目
74	**14** エボシドリ目
75	**15** ノガン目
76	**16** カッコウ目
78	**17** クイナモドキ目
79	**18** サケイ目
80	**19** ハト目
82	**20** ツル目
86	**COLUMN** 「？」な鳥の受け皿だったツル目
87	**21** カイツブリ目
88	**22** フラミンゴ目
90	**23** チドリ目

95	COLUMN	チドリ目の鳥たちと渡り
96	24	ジャノメドリ目
97	25	ネッタイチョウ目
98	26	アビ目
99	27	ペンギン目
101	COLUMN	最初に「ペンギン」とよばれた鳥
102	28	ミズナギドリ目
104	29	コウノトリ目
105	30	カツオドリ目
108	31	ペリカン目
111	32	ツメバケイ目
112	33	タカ目
116	34	フクロウ目
119	COLUMN	「フクロウ」と「ミミズク」
120	35	ネズミドリ目
121	36	オオブッポウソウ目
122	37	キヌバネドリ目
123	38	サイチョウ目
125	39	ブッポウソウ目
129	40	キツツキ目
133	41	ノガンモドキ目
134	42	ハヤブサ目
136	43	インコ目
140	44	スズメ目
151	COLUMN	変わり続ける鳥のなかま&分類・系統
152		INDEX さくいん

鳥の分類・系統

にまつわる なるほど知識

鳥はいつ鳥の特徴をもったのか、そのあゆみから、おどろきの進化、鳥たちをとりまく環境、人間との関係まで。ここでは鳥のなかまとつながりを知るために押さえておきたいトピックを紹介します。

鳥のなかまのあゆみ

恐竜とのつながり

　鳥が恐竜から進化してきた生きものだということは、いまや広く知られている事実です。しかし50年ほど前にはまだ、骨格の類似性などからそう考える研究者の仮説にしかすぎませんでした。長年恐竜に近縁とみられていたのは、外見が似ているトカゲなどのは虫類だったのです。

　その流れが大きく変わったのは、1996年に中国で初めて羽毛恐竜の化石が発見されたこと、2000年代以降の科学技術の発展により高度なDNA情報解析が可能となってからのことです。そして今日、鳥が恐竜に最も近い現生生物であることは分子レベルで証明されています。

　ただ、一般に恐竜といわれているものがすべて鳥の祖先にあたるわけではありません。恐竜にも進化の過程によっていくつかの系統があり、鳥の祖先はそのうち竜盤類という恐竜類になります。

　現在「恐竜類」というグループは、「トリケラトプスと現生鳥類の直近の共通祖先とその子孫すべて」と定義されています。よく知られているプテラノドンなどの翼竜やエラスモサウルスなどの首長竜は、ここにはふくまれません。それらは恐竜に近いは虫類のなかまになります。

首長竜、トカゲなど

翼竜、ワニなど

トリケラトプスなど

ティラノサウルスなど

鳥類

双弓類 / 主竜類 / 鳥盤類 / 竜盤類 / 恐竜類
は虫類

※表の→（矢印）は各グループ内における特徴が現れた順番を示しています。

鳥が恐竜の子孫だといわれるようになったのは、じつはほんの20 〜 30年前のこと。ここでは鳥類と恐竜、トカゲなどは虫類との関係、それぞれの大きなあゆみについて見ていきましょう。

■ 恐竜のなかま分けとつながり

恐竜類

竜盤類

鳥類
獣脚類
（例：ティラノサウルス）

竜脚形類
（例：ブラキオサウルス）

鳥盤類

周飾頭類
（例：トリケラトプス）

鳥脚類
（例：イグアノドン）

装盾類
（例：ステゴサウルス）

鳥盤類は骨盤の配置が鳥類に近いことからこの名がついた、白亜紀末に絶滅した恐竜類。鳥脚類は二足歩行を特徴のひとつとしていた草食恐竜のなかま。「鳥」とつくのでまぎらわしいのですが、いずれも鳥類とは異なる系統です。

17

鳥の特徴が出現したのは…

1800年代に後期ジュラ紀の地層から発見された化石で羽毛が確認され、最初に鳥類と恐竜の関係の近さを示した恐竜といえば、「始祖鳥」の名で知られるアーケオプテリクス。しかし、羽毛をもつ恐竜自体は、アーケオプテリクス出現の1000万年前、約1億6000万年前までには出現したとみられています。シノサウロプテリクスなどその原始的な羽毛恐竜の多くは、細くやわらかな羽毛でおおわれていました。体温を保ち、ディスプレイの役割も果たしていたようです。ただ、その羽毛は鳥の大きな特徴である飛行を可能とするものではとてもありませんでした。羽毛恐竜はここから急速に進化し、飛行ができるからだになっていったのです。

■ 羽毛恐竜→鳥類へのあゆみ

コエロフィシス（後期三畳紀*）
3本指の足。直立二足歩行
*この恐竜の登場時期

アロサウルス（後期ジュラ紀）
首部の椎骨にすきま。鳥類に通じる呼吸用の気のうが？

シノサウロプテリクス（前期白亜紀）
羽毛の役割は飛行ではなかった

ティラノサウルス（後期白亜紀）
レックスの化石が鳥と恐竜をつなげた

オルニトミムス（後期白亜紀）
名前は「鳥の模倣者」の意。現生のダチョウ似

カウディプテリクス（前期白亜紀）
扇形に発達した鳥類のような尾羽

獣脚類（後期三畳紀〜）
骨格の軽量化、叉骨をもつ

テタヌラ類（後期三畳紀〜）
前足の第4指がなくなる

コエルロサウルス類（後期三畳紀）
脳の肥大化、綿羽状の羽毛をもつ

マニラプトル形類（前期ジュラ紀〜）
羽軸のある羽毛をもつ

マニラプトル類（後期ジュラ紀〜）
胸骨が発達

恐竜時代から着々と進化

　獣脚類に見られた骨の内部に空洞をもつという特徴は、飛行を助ける骨の軽量化につながりました。胸骨など飛行に必要な骨格も発達していき、最古の鳥類といわれるアーケオプテリクスには、長くかたい軸のある羽毛、大型化した前足など、不完全ながらも羽ばたき飛行ができる機能が備わっていました。アーケオプテリクスの出現からほどなくして繁栄をはじめた鳥類は、前期白亜紀にはほぼ世界中に広がっていきます。特に東アジアではコンフキウソルニスのような鳥類の化石が多数発見され、当時すでに現代の鳥類に近い姿で飛行していたとみられています。後期白亜紀には、現在のカモやキジのなかまに近い種も出現しました。

※表の→（矢印）はおもに各グループと恐竜における特徴が現れた順番を示しています。

ファルカリウス
（前期白亜紀）
羽毛をまとっていたグループ

モノニクス
（後期白亜紀）
手首の骨が融合
竜骨状の胸骨

デイノニクス
（前期白亜紀）
前肢と尾の羽が発達

トロオドン
（後期白亜紀）
羽がさらに大型化して翼に

アーケオプテリクス
（始祖鳥）
（後期ジュラ紀）
翼を使って空を飛ぶ

コンフキウソルニス
（孔子鳥）
（前期白亜紀）
歯が消失してくちばし状に

デイノニコサウルス類
（前期白亜紀〜）
半月状の手根骨をもつ、長い前足、羽翼で飛翔

鳥類（鳥翼類）
（後期ジュラ紀〜）
後ろ足より長い前足をもつ

尾端骨類
（後期白亜紀〜）
仙椎が7個以上、尾端骨をもち、恥骨が後方を向く

鳥胸類
（前期白亜紀〜）
竜骨突起のある胸骨、支柱上の口骨をもつ

19

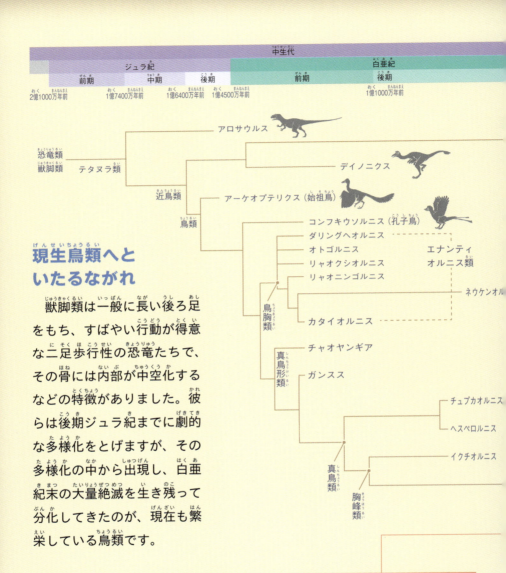

現生鳥類へといたるながれ

　獣脚類は一般に長い後ろ足をもち、すばやい行動が得意な二足歩行性の恐竜たちで、その骨には内部が中空化するなどの特徴がありました。彼らは後期ジュラ紀までに劇的な多様化をとげますが、その多様化の中から出現し、白亜紀末の大量絶滅を生き残って分化してきたのが、現在も繁栄している鳥類です。

約6600万年前の大量絶滅

　ジュラ紀の前の三畳紀に誕生し、その後巨大化して種類を増やした恐竜類は、ジュラ紀にはさらに多様化、獣脚類を中心に多くの羽毛恐竜が出現しました。そしてさらなる繁栄を見せていた白亜紀、地球に小惑星が衝突。これにより、獣脚類の中でも多様な繁栄を見せていたエナンティオルニス類をはじめ、恐竜類の多くが絶滅しました。

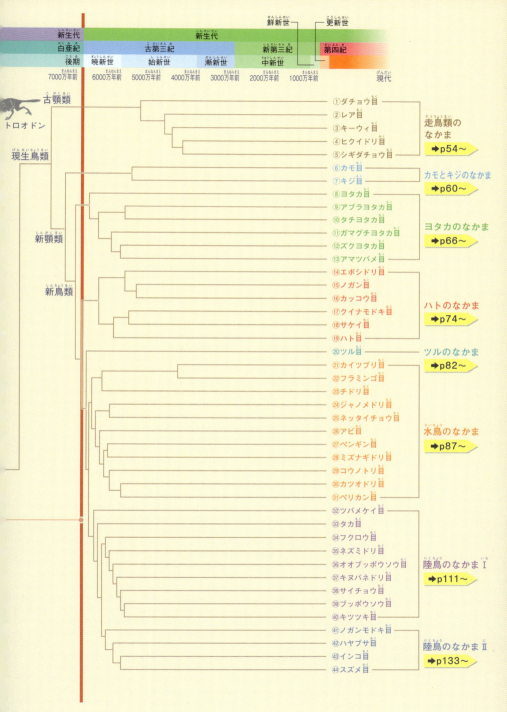

鳥のなかまの表し方

なかま分け（分類）はなんのため？

　ひとくちに「分類」といってもいろいろですが、自然のしくみを正しく理解したいというところからはじまったのが、地球上のできるだけ多くの生物の情報を整理し、その進化の過程にしたがって体系化すること、つまり、あらゆる生物を類縁の遠近によって分類することをめざす「自然分類」でした。その幕を開けたのが、「分類学の父」ともいわれる18世紀のスウェーデンの博物学者、カール・フォン・リンネです。右ページの分類階級のベースを発案したのも、学名を属名＋種小名で表す二名法を確立したのもリンネでした。

　生物の分類はまず「種」が基本単位としてあり、その種の上の基本階級には「属」、さらにその上には「科」「目」「綱」「門」「界」があります。なお現在44ある鳥の「目」が形成されたのは、例外はあるものの基本的にほぼ同じタイミングで、年代的には6600万年前～5000万年前ごろだったことがわかっています。

チドリ目はレンカク科、タマシギ科、ミフウズラ科、シギ科ヒレアシシギ属と、オスが抱卵、子育てをする少数派が多め。

進化の面からみた生物間のつながり＝類縁関係によってなかま分けをしていくことをめざす「自然分類」。ここでは分類したなかまをどう表しているのか、その基本のキを紹介します。

分類階級と学名

鳥の分類における「種」は、生物学的種概念にしたがって「相互交配する自然集団で、他の集団とは生殖的に隔離されている集団」と定義されます。各基本階級の間には、「上■」「亜■」「下■」「小■」といった分類群（グループ）がつくられる場合もあります。「亜種」は、同じ種ながら地域によって色や大きさなどで差異が生じている個体群を指します。

■ 分類階級の表し方

綱 Class
　上目 Superorder
　　目 Order
　　　亜目 Suborder
　　　　下目 Infraorder
　　　　　小目 parvorder
　　　　　　科 family
　　　　　　　属 genus
　　　　　　　　種 species

※上■＞■＞亜■＞下■＞小■は、他の階級でも共通。

エナガ

シマエナガ

エナガとその亜種のシマエナガ。世界的にはエナガの羽色のほうがレア。

■ 分類の表記例（カワセミの場合）

綱	鳥綱	Aves
目	ブッポウソウ目	Coraciiformes
科	カワセミ科	Alcedinidae
亜科	カワセミ亜科	Alcedininae
属	カワセミ属	*Alcedo*
種	カワセミ	*Alcedo atthis* (*A. atthis*)

■ 学名の表記例（カワセミの場合）

Alcedo　atthis
　属名　＋　種小名

鳥のなかまの分け方

分類に用いられる特徴

　鳥に限らず生物の分類は、その個体にどのような特徴があるかを観察することからはじまります。このとき注目する特徴のことを「分類形質」といいます。

　分類形質には形態形質ともよばれる形態的な特徴、行動など生態的な特徴、遺伝子情報があります。それらの特徴を同じ種やなかまの個体の情報とくらべ、共通点や相違点から分類上の所属を決めるのです。これを「同定」といいます。

　一般にもなじみ深い形態や生態の特徴に加え、鳥の分類において主流となってきているのが、1980年代から登場した分子生物学的手法を用いたＤＮＡ解析です。分子の進化はからだや器官の進化とちがい、生物の「適応（→p28）」に大きな影響を受けることがありません。また、その分析結果はだれが見ても同じ解釈ができる客観性の高いものであるため、今後も大きな成果につながることが期待されています。

「同定」といえばバードウォッチング。シギ・チドリ類の同定は難しいことで知られています。

生物の骨や筋肉、そのほかの器官の形態をくらべ、似ているものは進化上近い関係にあるとする考え方は、古くから分類の基本でした。鳥のなかま分けで重要視されてきた特徴を紹介します。

形態形質その① 上あごのつくり

分類で注目される形態形質のひとつに、骨格の構造があります。鳥では飛ぶために必要な胸骨の竜骨突起の有無、上あごにある口蓋骨などが特徴的な分類形質となります。

白亜紀後期に登場した現生鳥類は、上あごのつくりのちがいにより、「古顎類」と「新顎類」という2つのグループに分けられます。は虫類と似ているといわれる古顎類の上あごは、翼状骨と口蓋骨、頭骨の基部がつながっていて固定されているため動きません。それに対して、新顎類の口蓋骨は頭骨に固定されておらず、翼状骨がその間で関節のような役割をします。これにより上あごを動かせるので、かむ力が強くなり、結果的に食べられるものも増えるのです。

古顎類はダチョウ目、レア目、キーウィ目、ヒクイドリ目、シギダチョウ目の鳥たちで、1万種以上いる新顎類に対し、100種に満たない小さなグループです。その大半がシギダチョウ目の鳥となっています。

飛ばない鳥である走鳥類の代表、ダチョウ。　　6700種以上の新顎類からなるスズメ目の鳥。

形態形質その② 足指の形

　鳥のからだは一部の飛ばない鳥をのぞき、飛ぶために必要な構造を中心に構成されています。そのため骨格など飛翔に関わる基本構造の変更は難しく、しかしそれ以外の部分については、さまざまな環境に適応して生きのびるべく、多様な進化をとげてきました。

　そのひとつが、軽量化をはかるための一部の骨の中空化です。空洞部には、はしごの横さんのような強度を高める構造が見られます。逆に、水中で長くすごすペンギンの骨は、中空だと浮力が生じてうまく潜水できなくなるため、中身のつまった重いものとなっています。

　足指の形もまた、鳥たちの生態を反映した進化による形態形質です。関係の近い鳥は共通の構造をもつ傾向があります。しかしくちばしほどではなくても、「収斂進化」（→p28）による場合もあります。

アカアシカツオドリ（全蹼足）

ヤマショウビン（合趾足）　　オオアカゲラ（対趾足）　　オオバン（弁足）

足指

多くの鳥には足指が4本あり、本数や足指の向きによって次のようにタイプ分けがされています。4本のよび方は、最多数派の三前趾足を例にとると、後ろ向きの1本を「第1趾 ①」、前向きの3本をからだの内側から順に「第2趾 ②」「第3趾 ③」「第4趾 ④」となります。

※イラストの足指と水かきはすべて左足のものです。

三前趾足
前向きの第2〜4趾と後ろ向きの第1趾からなる最も一般的な構造。

スズメ、ハト、タカなどほとんどの鳥

合趾足
第2〜4趾の一部が表皮でくっついている。

カワセミ、アカショウビン、ブッポウソウ、サイチョウ

対趾足
第2趾と第3趾が前向き、第1趾と第4趾が後ろ向き。

カッコウ、キツツキ、オウム、インコ

可変対趾足
第4趾を前向きにも後ろ向きにもできる対趾足。

フクロウ、ミサゴ

皆前趾足
足指4本すべてが前向き。

アマツバメ

三趾足
第1趾がなく前向きの3本のみ。

チドリ
ミフウズラ

二趾足
前向きの第3趾と第4趾のみの構成。

ダチョウ

水かき

水鳥などの足は水かきのある蹼足（3タイプ）と弁膜のある弁足があります。蹼足と弁足では泳ぐときの足の動かし方が異なります。

蹼足
第2趾と第3趾、第3趾と第4趾の間に膜がある。

カモ、アビ、ミズナギドリ、カモメ、ウミスズメ、ソリハシセイタカシギ

全蹼足
第1〜4趾すべての足指の間に膜がある。

ペリカン、ネッタイチョウ、カツオドリ、ウ、グンカンドリ

半蹼足
前向きの足指のつけ根に小さな膜がある。

サギ、トキ、コウノトリ、シギ、チドリ、セイタカシギ

弁足
すべての足指に木の葉のような水かきがある。

カイツブリ、オオバン、ヒレアシシギ

進化による"他鳥の空似"

「適応放散」と「収斂進化」

　生きものは、捕食者の少ないより安全な場所や、より栄養のある食べもの、食べものがより豊富で入手しやすい場所を求めて移動する傾向があります。そして移動先の環境に「適応」し、生息していくために都合のいい形態に変化したりもします。

　「適応放散」は、起源を同じくする生物がさまざまな環境下で形態や生態を多様化させ、多くの系統に分かれていくことをいいます。もともと同じ種とは思えないくらい変化をとげる場合もあります。

　一方で、下の図のように、ある環境に適応していった結果、系統的には遠いもの同士の形態や習性が似ることも自然界には少なくありません。これを「収斂進化」といいます。

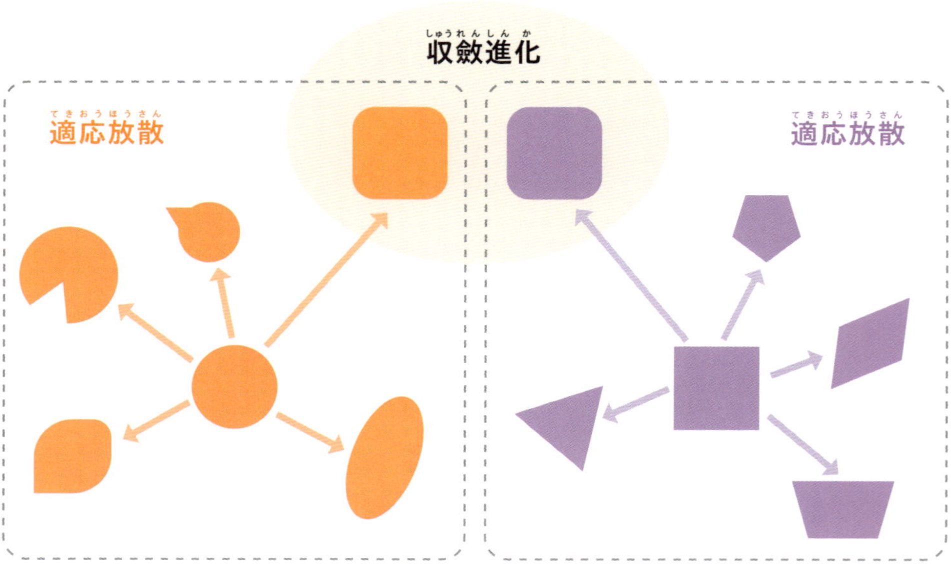

収斂進化

適応放散

適応放散

本書prologueで紹介した、遺伝的なつながりではそれほど近くはないのに、よく似ている鳥たち。たまたまのようですが、そうした現象は自然界に少なからず見られる進化の結果のひとつです。

ダーウィンフィンチにみる「適応放散」

1859年刊行の著書『種の起源』などで進化の理論を確立したことで知られるイギリスの自然科学者、チャールズ・ダーウィン。より環境に適応したものが生存競争に勝ち残ってきたという「自然選択説」を提唱した彼が1835年に調査で訪れたのが、大陸から隔絶されたガラパゴス諸島でした。ダーウィンがここで出会い、種の進化や分化を科学的に探求していく上で参考にしたといわれる多様なフィンチたちは、ダーウィンフィンチ類とよばれ、適応放散の好例となっています。

■さまざまなダーウィンフィンチ類の一部を紹介！

ガラパゴス諸島は…
エクアドル
南米エクアドルから約1000km西、赤道直下の太平洋上に点在しています。

キツツキフィンチ
植物のとげで虫をほじくり出すなど道具を使う鳥として有名。

コガラパゴスフィンチ
全長11cm。おもに小さな種子を採食。

サボテンフィンチ
サボテンの実や葉を採食。花粉を媒介する。

オオダーウィンフィンチ
樹上でおもに昆虫をつまんで捕食。

ガラパゴスフィンチ
全長12.5cm。中～大きな種子を採食。

ハシブトダーウィンフィンチ
オウム似のくちばしで果実食。

コダーウィンフィンチ
おもに昆虫食。果実や種子も採食。

オオガラパゴスフィンチ
全長16cm。かたく大きな種子を採食。

鳥たちの2つの「選択」

　適応放散は前のページで紹介したダーウィンフィンチのほかにも、ハワイ諸島に30種以上が生息するハワイミツスイ類と、マダガスカル島に20種以上が生息するオオハシモズ類の例が知られています。前者は約600万年前に、後者は約3000万年前に、それぞれの祖先となる個体が海を越えてたどりついた土地で適応放散したものです。得られる食べものや環境に合わせてくちばしの形態を変える進化は比較的短期間でなされたことがわかっており、また、近年のＤＮＡ情報解析ではくちばしを変化させる遺伝子が特定され、変化の発現には周囲の環境などが反映されることも明らかになりました。

　なお、ダーウィンがガラパゴス諸島でダーウィンフィンチより先に注目していた鳥たちに、カラパゴスマネシツグミ類

同じなかまとは思えないオオハシモズ類（スズメ目）の3種。

ルリイロマダガスカルモズ　　ヘルメットモズ　　ハシナガオオハシモズ

ガラパゴスマネシツグミ　　チャタムマネシツグミ

COLUMN

がいました。上写真の2種をふくむ4種からなるガラパゴス諸島固有の属で、別の島でそれぞれ進化をとげています。同じ島に複数種は生息しないため、同じ島の異なる環境をすみ分ける適応放散の鳥たちのほうが適応力は高そうですが、同じく「自然選択」を体現している鳥たちといえます。

なお、ダーウィンが「自然選択」とともに生物の進化の要因と考えたのが「性選択」でした。たとえばフウチョウなど一部の鳥は、下の写真のように派手な外見のオスがメスの注目をひこうと熱心にディスプレイをします。一見意味がないように思える外見や行動も、メスに受け入れられたオスとそれを受け入れたメスの子孫に、遺伝子によって脈々と伝えられていきます。これにより起こる進化が「性選択」です。

フウチョウ（スズメ目）のほか、クジャクなどキジ目の鳥やカモ目などのオスに見られる派手な外見は「性選択」によるもの。

アカカザリフウチョウ

コウロコフウチョウ

全蹼目にみる「収斂進化」

　ペリカン目は以前は全蹼目とよばれるグループで、その名のとおり、4本の足指がすべて水かきによってつながっている全蹼足の水鳥で構成されていました。その顔ぶれは、現在のペリカン目ペリカン科の鳥と、カツオドリ目カツオドリ科、グンカンドリ科、ヘビウ科、ウ科の鳥、そしてネッタイチョウ目ネッタイチョウ科の鳥たち。

　一部例外(※)はあるものの、多くが沿岸に生息する海鳥で、ひなはある程度成長するまで巣ですごす半晩成性、オスとメスは同色など、全蹼目以外の共通点も少なくありませんでした。しかしDNA解析により、全蹼目は現在の3目へ。これらの鳥たちの全蹼足は、生態が似ていることによる収斂進化のたまものだったのです。

※ヘビウ科は淡水域に生息し、グンカンドリ科とヘビウ科のオスとメスは異色。
　グンカンドリ科は足指の間に切れめがあり第4趾が前後に動く欠全蹼足です。

■ それぞれの全蹼足をくらべてみよう

■prologue 登場の鳥たちにみる「収斂進化」

p2-3 の鳥たち

**アマツバメ目のミドリハチドリ×
スズメ目のキバラタイヨウチョウ・
ベニハワイミツスイ・ルリミツドリ**

花の中にさし入れてみつを吸うのに便利な長いくちばしをもちますが、系統は遠いものも。形態に加えて収斂進化が多いのも共通で、なかには特定の花に合わせたオーダーメイドのようなくちばしも見られます。

p4-5 の鳥たち

**ウミスズメ目のウミガラス・ウミスズメ×
ペンギン目のアデリーペンギン**

陸上でよちよち歩き、水中を自在に泳ぐ姿がペンギンに似ているウミガラス。大きなちがいは空を飛べることです。19世紀に絶滅したオオウミガラスは飛ばないという点でもペンギン似でした(→p101)。

p6-7 の鳥たち

**ペリカン目のヘラサギ3種×チドリ目のヘラシギ×
カモ目のハシビロガモ**

先端がへら型をしたくちばしが名前の由来になっているサギとシギと、同じく幅の広いくちばしをもつハシビロガモ。いずれも水中や水面、泥や砂の中にくちばしをつけて左右にふり、食べものをとります。

p8-9 の鳥たち

**スズメ目のツバメ2種×
タカ目のツバメトビ×チドリ目のツバメチドリ×
アマツバメ目のアマツバメ2種**

色や形、特に飛行中の姿が似ていることから名前に「ツバメ」が入ったタカとチドリ、アマツバメのなかまの鳥と本家ツバメ。高速飛行で知られるアマツバメは鎌の刃を思わせる特に細長い翼をもちます。

p10-11 の鳥たち

ハヤブサ目のハヤブサ×タカ目のミサゴ

かつてはタカ目でしたが、別系統とわかり目の分かれたハヤブサ。インコに近い系統だったことも話題をよびました。とはいえ、えものにそれぞれ突撃する姿はやはり猛禽類どうし。似ています。

33

「飛ばない」を選んだ鳥たち

もともとは飛べた？

飛ぶということは鳥たちが生きる上で重要な要素であることはまちがいありません。しかし、なかには飛ばない生活を選ぶ鳥たちもいます。というのも、飛ぶためには多くのエネルギーが必要となり、たくさんの食べものを時間と労力をかけてとらなければならないからです。

これまで飛ばない鳥というのは飛べるよう進化しなかった鳥だと考えられていました。しかし翼や骨の構造、DNA情報などから、現在は飛ばない鳥ももともとは飛ぶ機能を備えていたことがわかっています。飛ばない鳥はそう選択した鳥だったのです。飛ばない理由はひとつではありません。下の表のように飛ばない鳥には大きく4つのタイプがあります。

タイプ① 走鳥類　ダチョウ

からだが大きく走るのが速い鳥たちです。敵をけちらし、高速で逃げて身を守ります。

タイプ② ペンギン類　ケープペンギン

空を飛ぶかわりに水中を飛ぶように泳ぐ生活を選び、特別なからだに進化した鳥たちです。

タイプ③ 島でくらす鳥　ヤンバルクイナ

天敵のいない島でくらすクイナやオウムには、飛ぶ必要がなくなったなかまがいます。

タイプ④ 家禽　ニワトリ（白色レグホーン）

食用や羽毛などの利用、ペットとして、野生の鳥を人間が飼育し、品種改良などをしたものです。

飛ぶためにからだのしくみを進化させてきた鳥たち。実際、飛ぶ機能を得たことで鳥たちは世界のさまざまな場所に進出し、繁栄してきました。しかしその一方で、別の道を選んだ鳥も……。

飛ばなくなる環境とは

　飛ばなくても食べものを得られ、敵もおらず、繁殖するのに都合がよい場所が苦労せず見つかったら？そんな理想の環境で、飛ばなくなった鳥たちを紹介していきましょう。

　ニュージーランドにすむクイナのなかまのタカヘは、植物の種子や若草などの食べものがあり、捕食者となる敵のいない子育てもしやすい環境で体重2〜3kgとクイナ科では世界最大に重量化して飛ばなくなりました。同じくニュージーランドのフクロウオウムも飛ばない鳥になっています。また、南大西洋のフォークランド諸島にすむフナガモと、南太平洋チリ沿岸の島にすむオオフナ

タカヘ

ガモは海に潜り貝類や甲殻類、海藻を食べる生活で飛ばなくなりました。使わない翼は小さく退化し、なかまで内陸にすむ飛ぶトビフナガモとくらべるとよくわかります。ガラパゴス諸島のガラパゴスコバネウも同じく飛ばずに翼が小さくなっていますが、羽を乾かすウの習性は残しています（→p107）。

ナガモ　フナガモ　トビフナガモ

35

「渡り」を選んだ鳥たち

どうして渡るのか

　鳥は飛ぶことによって離れた場所にある食べものを得たり、くらしやすく子育てがしやすい場所に移動したり、敵から逃げたりすることができます。子育てや越冬のため、季節により国内を移動している鳥たちも少なくありません。こうした鳥たちを「漂鳥」といい、ウグイスやホオジロなどがそれにあたります。

　年2回ほどかなりの長距離を飛んで移動する鳥たちは、「渡り鳥」とよばれます。オオソリハシシギは、太平洋を南下するノンストップ直行ルートでアラスカの繁殖地からニュージーランドの越冬地まで、1万km以上を8日あまりで飛んだ記録をもつ渡り鳥の中の渡り鳥。別ルートの渡りでは「旅鳥」として日本に立ち寄ることもあります。

　長距離を飛び続けるため、渡り鳥たちはたくさん食べてエネルギーとなる脂肪を蓄えます。そのため鳥によっては渡り前の体重は通常の2倍になることもあるようです。

日本にはエネルギー補給で飛来。
オオソリハシシギ

集団で渡りをするアネハヅル。

「鳥＝飛ぶ」というイメージは「飛ばない」鳥たちに少しくつがえされたかもしれませんが、反対に「生きること＝飛ぶこと！」という感じの鳥もいます。ここではそんな鳥たちを紹介します。

ハードな渡り選手権があったら…

また別のハードな渡りをこなすのがアネハヅルとインドガン。ともに8000m級のヒマラヤ山脈を越えて、繁殖地のチベット高原やモンゴルから越冬地のインドに向かうのです。高度8000mの酸素濃度は地上の3分の1、−30℃の極寒でもあります。そんななかアネハヅルは強い上昇気流を利用して舞い上がり、ヒマラヤ山脈を越えていくのです。風を利用するのはエネルギー消費をおさえるためとみられています。そ れに対してインドガンは、強力な胸筋を駆使して翼を羽ばたかせ、アネハヅルよりも短時間で渡ります。ただほとんどの個体は山頂ではなく峠を越える5500 mに達しないルートをとっていることがわかっています。ちなみにインドガンは9000m超の鳥類高度記録をもっていますが、その最高高度記録はマダラハゲワシ（→p112）の11300mで飛行機とぶつかった記録があります。2位はソデグロヅル（→p83）の10700mです。

ツル15種中最小の全長90cmでヒマラヤ越え。　　「雁行」は空気抵抗を減らす省エネ飛行。

アネハヅル　　インドガン

アップデートされるなかま

系統分類を変えたDNA解析

　ティラノサウルス・レックスの化石から鳥が恐竜の最も近い親類であることが分子的に証明されたという2008年の報道は、世間をおどろかせました。2013年には分子系統推定からハヤブサがタカなどよりもスズメやインコに近いことがわかってきたため分類を変更することを日本鳥学会が発表。「ハヤブサがインコのなかま？」と話題をよびました。分子生物学的手法による遺伝子解析はその後も着々と進み、系統がはっきりしてきたことで目の再編がおこなわれました。本書で紹介する鳥のなかまはそれに基づくものです。

　これまでも同種とされていた鳥が研究により別種とわかることなどはありました。しかし、鳥たちのつながり＝系統分類がここまで一気に変わったのは、やはり分子的証明のなせるわざだったといえるでしょう。

新たに「種」となった日本の鳥たち

チョウセンウグイス / ハチジョウツグミ / ミナミトラツグミ / シベリアアオジ

さまざまな角度から鳥の世界にせまる鳥類学は、どこにどんな鳥がいるのかを知ることが基本です。そのベースとなるのが系統分類ですが、これも研究の進歩とともに更新されていきます。

亜種未満の人気の鳥も

　左ページの写真の4種は、『日本鳥類目録 改訂第8版』において種として掲載された鳥たちです。それまでは亜種とされていましたが、DNA解析により新種認定されました。

　人気のシマエナガなどで一般にもおなじみの言葉となった「亜種」は、前述のように同じ種でも地域によって色や大きさにちがいが見られる個体群のことです。それにしても、ご当地鳥が新種の可能性を秘めていると考えると、身近な鳥の群れへの視線も少し変わりそう（？）です。

　視線が変わるといえば、その動向が注視される鳥に、チュウヒ大陸型、通称ズグロチュウヒがいます。ロシア極東部や中国北部、サハリンなどで繁殖し、東南アジアで越冬するチュウヒは、日本では北海道、本州や九州の一部で少数が繁殖していますが、ズグロチュウヒは頭部が黒いことなどが特徴。亜種かどうかは意見が分かれるようですが、熱心なファンが会いに足を運ぶ人気の鳥です。

翼をV字にひろげて飛ぶ姿が特徴的なチュウヒ。

ズグロほどではないやや黒いタイプなどもいます。

チュウヒ

チュウヒ大陸型

和名はどんなふうに決まる？

　英名や現地名をそのまま使うこともありますが、鳥に関するやりとりを日本語でおこなうとき、その鳥となりが伝わりやすい和名はなくてはならないツールです。ただ、最新の研究結果によって鳥の分類に変更が生じたりすると、すでにある和名を調整する必要などもでてきます。その際、ベースとされるもののひとつに、長年日本の鳥類研究をけん引してきた山階鳥類研究所の提唱する和名があります。そしてさまざまな調整を反映した日本の鳥類の和名、分類と分布をまとめたものが1922年から日本鳥学会が出版している『日本鳥類目録』です。2024年9月に刊行された改訂第8版でも多くの変更がありましたが、同書にはそうした際の編集方針などについても記されています。

　ここで、ハゴロモヅルの和名にまつわるエピソードをひとつ紹介しましょう。1959年にこのツルが日本に初めて来た当初、上野動物園では英名を訳した名前でよんでいました。しかし来園して実物を見た黒田長久博士と古賀忠道園長は、学名 *Anthropoides paradise* の種小名からの連想もあったのか、ハゴロモヅルと命名。そのたたずまいにぴったりな和名を贈ったのです。

ハゴロモヅル

COLUMN

他の鳥の名がついた鳥たち

名づけようとする鳥に知名度の高い鳥に似た特徴があると、その鳥の名を比喩表現として名前に入れることは世界的にもよく見られます。近縁どうしだと似ていて当たり前なので、本家と系統が遠い鳥ほどこの名づけ方は多いようです。

ツバメ・エンビ（燕尾）

飛翔時のツバメ（スズメ目ツバメ科）の翼や尾羽のシルエットにその鳥が似ていることに由来。
ツバメヨタカ（ヨタカ目ヨタカ科）、アマツバメ・アナツバメ（アマツバメ目アマツバメ科）、ツバメハチドリ（アマツバメ目ハチドリ科）、エンビテリハチドリ・エンビヒメエメラルドハチドリ・エンビモリハチドリ（アマツバメ目ハチドリ科）、ツバメチドリ（チドリ目ツバメチドリ科）、ツバメトビ（タカ目タカ科）、ウミツバメ（ミズナギドリ目ウミツバメ科）

カラス

ハシブトガラスやハシボソガラス（スズメ目カラス科）を思わせる全体的に黒っぽい羽色に由来。
カワガラス（スズメ目カワガラス科）、ウミガラス（ミズナギドリ目ウミツバメ科）、カラスバト（ハト目ハト科）、カラスモドキ（スズメ目ムクドリ科）、カラスフウチョウ（スズメ目フウチョウ科）

スズメ

スズメ（スズメ目スズメ科）のように大きさが小さいことを表すときに使われます。
ウミスズメ（ミズナギドリ目ウミツバメ科）、スズメフクロウ（フクロウ目フクロウ科）、スズメバト（ハト目ハト科）

ヒバリ

ヒバリ（スズメ目ヒバリ科）に羽の色が似ていることに由来。
ヒバリシギ（チドリ目シギ科）、ヒバリチドリ（チドリ目ヒバリチドリ科）、ヒバリホオジロ・ヒバリツメナガホオジロ（スズメ目ホオジロ科）

ウズラ

ウズラ（キジ目キジ科）に色や立ち姿が似ていることに由来。
ウズラバト（ハト目ハト科）、ウズラシギ（チドリ目シギ科）、ウズラクイナ（ツル目クイナ科）、ウズラシギダチョウ（シギダチョウ目シギダチョウ科）、ミフウズラ（チドリ目ミフウズラ科）

キジ

キジ（キジ目キジ科）に羽の色や尾羽の長さが似ていることに由来。
キジバト（ハト目ハト科）、キジオライチョウ（キジ目ライチョウ科）

ワシ

大型のワシ類（タカ目タカ科）を思わせる猛々しい姿、大きさ、羽色に由来。
ワシカモメ（チドリ目カモメ科）、ワシノスリ（タカ目タカ科）、ワシミミズク（フクロウ目フクロウ科）

ツル

大型のツル類（ツル目ツル科）を思わせる足の長さに由来。
ツルシギ（チドリ目シギ科）、ツルクイナ（ツル目クイナ科）、ツルモドキ（ツル目ツルモドキ科）

トキ

トキ（ペリカン目トキ科）のようにカーブしたくちばしに由来。
トキハシゲリ（チドリ目トキハシゲリ科）、トキコウ（コウノトリ目コウノトリ科）

カササギ

トキ（スズメ目カラス科）に似た白黒の羽色に由来。
カササギガン・カササギガモ（カモ目カモ科）、カササギサイチョウ（サイチョウ目サイチョウ科）、カササギヒタキ（スズメ目カササギヒタキ科）、カササギフエガラス（スズメ目フエガラス科）、カササギムクドリ（スズメ目ムクドリ科）

メジロ

メジロ（スズメ目メジロ科）のように印象的なアイリングがあることに由来。
メジロガモ（カモ目カモ科）、メジロチョウゲンボウ（ハヤブサ目ハヤブサ科）、メジロサシバ（タカ目タカ科）、メジロチメドリ（スズメ目チメドリ科）

カッコウ

カッコウ（カッコウ目カッコウ科）に似た姿に由来。
カッコウハヤブサ（タカ目タカ科）、カッコウサンショウクイ（スズメ目サンショウクイ科）

日本固有種と起源種

固有種への道は大きく2つ

　固有種とは特定の地域や国にのみ生息している種のことです。その固有化の経緯によって、遺存固有（古固有）と隔離固有（新固有）の2つのタイプに分けられます。

　日本固有種の場合、遺存固有は大陸での同種個体の絶滅によるもの、隔離固有は日本列島での種分化によるものとされてきました。遺存固有の例としてはルリカケス、隔離固有

日本固有の鳥たち
日本国内にのみ生息が確認されている日本固有種の鳥たち。その顔ぶれを一挙紹介！

- ヤマドリ　本州、四国、九州
- ヤンバルクイナ　沖縄島北部
- アマミヤマシギ　奄美群島、沖縄諸島
- アオゲラ　本州、四国、九州
- ノグチゲラ　沖縄島北部
- ルリカケス　奄美大島、加計呂麻島、請島
- メグロ　小笠原諸島の母島列島
- アカコッコ　伊豆諸島、トカラ列島

海に囲まれた南北に長い国土、標高差のある地形、亜熱帯から亜寒帯まで幅広い気候帯など、多様性に恵まれた環境もあり、固有種が多く生息する日本。今後は起源種が増えるかもしれません。

の例としてはセグロセキレイがよく知られています。しかし、日本列島に孤立した個体が進化していくことと、大陸にいた個体が絶滅すること、その同時進行の可能性も否定はできません。その場合は、遺存か隔離か、はっきり区別することは難しそうです。が、ＤＮＡ解析技術の種分化年代の推定が進んだことで、その問題も解消されつつあります。ちなみにＤＮＡ解析でもルリカケスは遺存固有でした。のみならず、大陸に進出していったカケスたちの祖先的存在であったこともわかっています。

日本で種分化した鳥とは

　日本は島国ですが、大陸と一度もつながったことがないガラパゴス諸島などとはちがい、朝鮮半島やサハリンなどで大陸と地続きになった時期があります。こうした島を大陸島といい、生物の進化とその分散において、そうではない島には見られないケースがみられることがあります。その例がカケスの分散です。DNA分析でカケスの種内系統を調べると、ルリカケスから種分化したカケスが当時地続きだった大陸へと進出し、その後タイワンカケスが分化、続いてヨーロッパカケスとミヤマカケ

■ 種分化したカケスのあゆみ

カケス

ルリカケス

種分化

タイワンカケス

ミヤマカケス

ヨーロッパカケス

スに分かれたことがわかったのです。カケスがヨーロッパではなく日本起源だったことは、これまでの認識を180度くつがえすものでした。

ほかにもカケスと同じく日本起源種といえる鳥たちがいることが、DNA分析によって明らかになってきています。それがこのページで紹介した鳥たち。また、日本に近縁な固有種は現在いないけれど日本起源ではと考えられる種も少なからずいることがわかっています。

ノグチゲラ 沖縄

→ 種分化 →

オーストンオオアカゲラ 奄美大島

→

オオアカゲラ 本州

→

エゾオオアカゲラ 北海道

アマミヤマシギ

ミナミトラツグミ

イイジマムシクイ

↓ 種分化

↓ 種分化

↓ 種分化

ヤマシギ

トラツグミ

センダイムシクイ

人が鳥におよぼす影響

「乱獲→滅亡」〜「移入→定着」

　鳥の繁殖が追いつかないほどの乱獲をはじめ、人間の活動が種の絶滅をまねいた例は数多くあります。インド洋に浮かぶモーリシャス島にいたドードーは、乱獲以上に人間がもちこんだイヌやブタ、ネズミに1年に1個しか産まない卵やひなを食べつくされ絶滅したといわれています。同じく人間がもちこんだ動物によって絶滅した鳥に、ニュージーランドの小さな島、スティーブン島にいたスティーブンイワサザイがいます。

この鳥は現在6700種以上を数えるスズメ目で唯一、飛ばない鳥でした。しかし島に灯台ができた1894年、灯台守がつれてきたネコに狩られて絶滅してしまいました。

　鳥に影響をあたえる人間の行動にはほかにも、居場所をうばう森林伐採、食べものなどをうばう環境汚染、外来種をもちこむことなどがあります。生息地ではないエリアへの鳥のもちこみは、亜種間雑種が生まれることにもつながります。

左写真：マダガスカルに生息していたダチョウの近縁種で全長3mの巨大な鳥、エピオルニスの像。ニュージーランドのモアの3.5mには届きませんが最も重い鳥だったといわれています。中写真：モーリシャス島のドードーの骨格標本。足指がハトによく似ています。右写真：ハワイに定着したメジロは日本産で、1929年に害虫駆除目的でもちこまれたことがわかっています。

46

「絶滅種」は人間の行動によって生まれることが少なくありません。かつてはおもに乱獲によるものでしたが、現代では人間の活動が複雑化し、その影響の広がりは見えにくくなっています。

飼育→さまざまな品種を作出

野生の鳥を飼いならし品種改良などをしたものが「家禽」です。その代表がニワトリで、食用、採卵用のほかにも鳴き合わせや闘鶏など娯楽・観賞用として多くの品種がつくられてきました。世界には250もの品種があるといわれています。あまりの多様性から他のヤケイとの混血をうたがう声もありましたが、DNA解析により、起源は東南アジアに広く分布するセキショクヤケイ1種のみだったことがわかっています。

ニワトリの祖先、セキショクヤケイ。家禽化は紀元前3000年ごろ、東南アジアから南アジアではじまったといわれています。ウコッケイ、カツラチャボ、オナガドリの起源もこの鶏。

混血相手候補だった（？）アジアのヤケイ3種。

家禽化されたハトの原種は…

ハトもまた家禽化の長い鳥です。食用のほか、飛行力と帰巣本能を活かして広く伝書鳩として利用されてきました。紀元前3000年ごろのエジプトでも利用されていた記録が残っています。その原種はカワラバトで、ヨーロッパ、中央アジア、北アフリカなどの乾燥地帯にいた鳥でした。再野生化したものがドバトです。クジャクバトやジャコビン、モンク、ポーターなど観賞用の品種も多数作出されています。

カワラバト
伝書鳩
クジャクバト
ジャコビン
モンク

MEMO
自然下のハイブリッドも

繁殖は基本的に同種のみ可能ですが、異種でも遺伝的に近縁であれば交配できることがあります。鳥ではツルやカモ、カモメのなかまなどでそうしたケースを目にすることは少なくありません。

ナベクロヅル（ナベヅル×クロヅル）

鳥のなかま

現生の44目別

図鑑

地球上に約1万1000種が生息しているといわれる鳥類。5000万年前ごろまでの分化が推定される系統が目とされ、現在は44目に分けられています。ここでは各グループの特徴と鳥たちを紹介します。

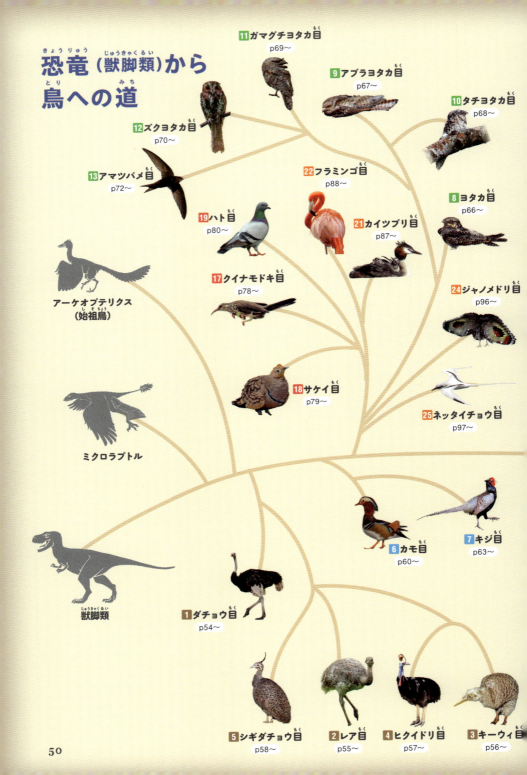

鳥のなかま図鑑　各ページの見方

1
目名などを紹介するスペースは、右ページの表で示したなかまごとに色分けされています。

2
日本語表記の目名の下のアルファベットはラテン語表記によるその学名。

3
その目にふくまれる科・属・種数の一例を示します。この数は分類方針などによっても変わります。

4
足指のつくりのタイプと、可能なものはその目の鳥の足拓も紹介。

5
目にふくまれる科とおもな特徴に続き、その科にふくまれる鳥の一部の写真と和名を紹介。和名でひく巻末のINDEX（→p152～）では紹介した鳥の学名と英名が確認できます。

6
その目・科にふくまれる鳥の写真と和名を紹介。写真掲載のある鳥の学名と英名は巻末のINDEX（→p152～）で確認できます。

7
COLUMNは、その項で登場した鳥たちの知識・雑学をテーマにもとづき紹介するよみものです。

登場する用語の説明

新大陸（新世界）
15世紀半ばから17世紀半ばにかけての大航海時代にヨーロッパ人が新たに発見した土地＝南北アメリカ大陸および太平洋諸島、オーストラリア大陸とニュージーランドおよびその周辺の島しょ部を指す呼称。対する用語に、ヨーロッパ、アジア、アフリカとその周辺の島しょ部を指す「旧大陸（旧世界）」があります。

オーストラレシア
オーストラリア大陸、ニュージーランド、ニューギニア島とその周辺の島しょ部を指す呼称。

走鳥類のなかま

その名のとおり、長く力強い足で高速で走る鳥たちとシギダチョウの5目5科で構成される古顎類のグループ。

➡p54〜

カモとキジのなかま

それぞれ恐竜の時代から続く、新顎類の古い2つの系統の鳥たち。人間と関係の深い家禽のほとんどはこのグループ。

➡p60〜

ヨタカのなかま

夜行性と昼行性というちがいはあるものの、生態や形態、系統も近いヨタカとアマツバメのなかまからなるグループ。

➡p66〜

ハトのなかま

世界的に分布するハトからマダガスカルの固有目まで、陸でくらす1目1科の新顎6目をまとめたグループ。

➡p74〜

ツルのなかま

恐竜絶滅直後に形成されたと推定されるツル目は、世界中に分布するクイナとツルのなかまを中心としたグループ。

➡p82〜

水鳥のなかま

長距離を飛ぶ渡り鳥からペンギンまで、おもに湖沼や河川などの水辺や海岸、海上でくらす新顎類のグループ。

➡p87〜

陸鳥のなかまⅠ

恐竜絶滅後に登場した、タカやフクロウなどの猛禽類、キツツキなどをふくむ、おもに陸でくらす新顎類のグループ。

➡p111〜

陸鳥のなかまⅡ

現生鳥類種の3分の2近くが属するスズメ目ほか恐竜絶滅後に登場した陸でくらす新顎類の別系統のグループ。

➡p133〜

1 ダチョウ目
Struthioniformes

ダチョウ

1科1属2種　二趾足

ダチョウ

ソマリダチョウ

　古いタイプの鳥のグループである「古顎類」の系統のはじめに位置する、走鳥類の代表です。現世最大の鳥でもあります。おもにアフリカ大陸のサバンナに生息し、一部がアラビア半島にも分布。鳥類で唯一の二趾足で、二足歩行動物最速スピードを誇ります。足指の減少はウマの一本指と同じく、速く走ることへの適応進化によるものとされています。

遺伝的に別種となることがわかり、ダチョウから種分化したソマリダチョウ。頭から首にかけての羽毛がほぼないのも特徴。

ダチョウ

ソマリダチョウ

54

2 レア目

Rheiformes　　1科1属2種　三趾足

ダーウィンレア

レア　　ダーウィンレア

　南アメリカの開けた草原に分布するダチョウより足が細く小型の走鳥類。以前はダチョウ目でしたが、DNA解析により無飛翔への進化のタイミングがダチョウとは異なることがわかり、別目となりました。レア目はダチョウ以外の走鳥類の中で最初に、始新世中期の4300万年前にダチョウから分かれたと考えられています。足指のつくりは三趾足で、ダチョウの二趾足には及ばないものの速く走ることができます。南アメリカ南東部に分布し5亜種に分けられるレアと、それより西側の高地の草原に生息する小型のダーウィンレアの2種がいます。レアは1羽のオスと複数のメスで群れをつくって繁殖しますが、その後も群れで行動し、グァナコなど草食動物との混群をつくることもあるそうです。

3 キーウィ目

Apterygiformes　　1科1属5種　三趾足

コマダラキーウィ

　ニュージーランド固有の夜行性の鳥、キーウィ科5種からなるグループ。キーウィの名は鳴き声に由来します。走鳥類最軽量で、写真のコマダラキーウィはその最小種です。翼は退化してほとんどなく尾羽もないため、ずんぐりした印象ですが、しっかりした足で夜の森を歩きまわり、長いくちばしでミミズなど地中のえものを捕らえます。鳥の多くはくちばしのつけねに鼻の穴があるのに対し、キーウィは鳥類で唯一、くちばしの先にあります。目があまり見えないぶん、この鼻がセンサーのように働いてえものを探すのです。また、キーウィはメスのほうが大きく、長いくちばしをもっています。からだの大きさに対して最も大きな卵を産む鳥としても知られ、その卵は長径12cmというビッグサイズです。

4 ヒクイドリ目

Casuariiformes

1科2属4種 ／ 三趾足

エミュー

ヒクイドリ

エミュー

コヒクイドリ

パプアヒクイドリ

オーストラリア大陸などにくらす、大柄なからだに小さな翼の走鳥類2属からなるグループ。三趾足で長距離を時速50kmほどで走ることができます。一時ダチョウ目にふくまれましたが、別系統とわかり分かれました。ヒクイドリは攻撃力の高い爪と気性の荒さから、「世界一危険な鳥」といわれることも。エミューはオーストラリア最大の鳥です。

頭に特徴的な突起をもつヒクイドリ科の鳥たち。その中でからだが最も小さいのがコヒクイドリ。

57

5 シギダチョウ目

Struthioniformes

1科9属46種 三趾足

カンムリシギダチョウ

アレチシギダチョウ

アレチシギダチョウのひなと光沢のある藍色の卵。

カンムリシギダチョウ

　中央アメリカや南アメリカ大陸だけに分布。抱卵やひなの世話をオスがおこなう点が異なるものの、キジ類に似た地上性の鳥です。ダチョウ目、レア目、キーウィ目、ヒクイドリ目とともに「古顎類」に属しますが、他の4目の鳥たちにはない胸骨の竜骨突起をもち、短い距離を飛ぶことができます。そのためDNA解析で古い鳥のなかまであることがわかるまでは、竜骨突起の存在を重視し、キジ目の近縁とみる研究者もいました。地上で過ごすことが多く、危険がせまったときに短距離を飛ぶこともありますが、多くの場合、地面のくぼ地やしげみにかくれます。走るのに適した三趾足ながら長く走るのは苦手で、広範囲の移動はしません。分散力が低いため、他の古顎類にくらべると種分化が進んでいます。

COLUMN

古顎類の系統いまむかし

　ここまで見てきた1〜5目の古顎類（→p25）とよばれる鳥たちは現在、ダチョウはアフリカ、レアとシギダチョウは南アメリカ、エミューはオーストラリア、ヒクイドリはオーストラリアとニューギニア、キーウィはニュージーランドに分布しています。同じ古顎類の絶滅種にはマダガスカルにいた巨鳥エピオルニス（→p46）などがいましたが、これらの鳥の分布エリアの共通点は、かつて存在したゴンドワナ大陸（※）上に位置するということでした。そこで長い間、古顎類はゴンドワナの分裂とともに種分化したと考えられていましたが、DNA解析技術の進歩により、最初に分かれたのはダチョウで、7900万年前と推定されることがわかりました。これはゴンドワナの分裂よりかなり後のことで、飛ばない鳥が海を越えたという矛盾が生じます。加えて飛ぶシギダチョウが飛ばない鳥から派生したことを示す解析結果が出たことで、現在では古顎類の祖先はもともと飛べる鳥で、その後さまざまな系統で飛ばないことを選んだことで飛ぶ能力が退化したとする考えが主流となっています。

※現在のアフリカ大陸、南アメリカ大陸、インド亜大陸、南極大陸、オーストラリア大陸、アラビア半島、マダガスカル島をふくむ巨大な大陸。

6 カモ目

Anseriformes

左：カリガネ
右：カンムリサケビドリ

3科56属178種

三前趾足・半蹼足

半蹼足

マガモ　メス　オス

カモ科

メス　オス

オシドリ

　世界中に広く分布するカモ科、南アメリカのサケビドリ科、オーストラリアからニューギニア島で見られるカササギガン科からなるグループ。丸いからだに長い首、幅のあるくちばし、水かきをもつ泳ぎの得意な鳥たちで、ガンカモ類ともよばれます。渡りをする鳥が多いのも特徴で、日本の冬の風物詩でもあるハクチョウやガンもカモ科の鳥です。くちばしの先端に嘴爪とよばれる羽毛の手入れなどに便利なかぎ状の突起をもつ種も多く見られます。カモにはおもに植物を食べるものと潜水して魚や貝などを食べるものがいて、食性や採食方法のちがいで淡水ガモと海ガモという分け方もされます。なお日本で見られるカモで繁殖もおこなう留鳥はカルガモだけで、多くが越冬のために渡ってくる冬鳥です。

サケビドリ科
南アメリカ大陸のアンデス山脈より東側のみに2属3種が分布するサケビドリ。ペンギンと同じく全身に羽毛がはえています。翼には2本爪があり、攻撃に使用します。

カンムリサケビドリ

カササギガン

カササギガン科
くちばしはカモ類の特徴に近いものの、形態・生態でカモ科の他の鳥たちと異なる点が多いカササギガン1種で構成される科。

カモ科
長年ハクチョウ、ガン、カモの3グループに分けられていたカモ科。しかしハクチョウ類がガン類と近縁であるとわかり、分類学的にはガン類にふくまれることに。

オオハクチョウ

カナダガン

7 キジ目

Galliformes

5科86属308種 ／ 三前趾足

ヤマドリ

キジ

キジ科

ライチョウ　シマシャコ　インドクジャク

　キジ目はツカツクリ科、ホウカンチョウ科、ホロホロチョウ科、キジ科、ナンベイウズラ科ともいわれるハウズラ科の鳥からなるグループで、世界中で分布が見られます。しっかりとした足をもち、おもに地上でくらしています。長い距離を飛ぶのは得意ではありませんが、危険がせまると力強く羽ばたいて短い距離を飛んで逃げます。クジャクやキジのようにオスが美しい羽毛をもつ種が多く、巣づくりや抱卵、子育てはメスが担当します。

　ツカツクリ科の鳥は、卵の温め方が特徴的です。落ち葉を積み重ねた巣をつくり、落ち葉が発酵するときに出る熱で温めたり、砂地などに卵を埋め、地熱や太陽熱で温めるのです。これは一部の恐竜にも見られた習性であることがわかっています。

ツカツクリ科

地面に掘った穴や塚状の巣の中に卵を産み、抱卵をせずに日光や地熱、巣材の落ち葉などの発酵熱でふ化させる鳥たちです。

ハウズラ科

新大陸に分布。短いくちばしはするどくとがり、ふちがのこぎり歯状で足には蹴爪がありません。

ヤブツカツクリ

ズアカカンムリウズラ

ホウカンチョウ科

北アメリカ大陸、南アメリカ大陸、トリニダード・トバゴに分布。キジ目で最も古い系統で、樹上でくらし、巣やねぐらも樹上です。

ツノシャクケイ

アオノドナキシャクケイ

カンムリシャクケイ

ホロホロチョウ科 大きな群れをつくることで知られます。冬や乾期には数十羽で行動し、水辺などに数千羽が集まることも。繁殖期には群れはつくりません。

ホロホロチョウ

フサホロホロチョウ

キジ科 南極大陸以外のすべての大陸と多くの島に分布。多くが丸型に近い体型で、足はがっしりして地上生活に適した形態です。オスの羽毛が美しい種も多数。

カンムリセイラン

シマハッカン

8 ヨタカ目

Caprimulgiformes　　1科12属97種　三前趾足

ヨタカ

熱帯から温帯域に広く分布する全種が夜行性の鳥のグループで、わずかな光の中でも大きく開くくちで飛びながら昆虫を捕らえます。かつてはフクロウの近縁とされていたこともありました。鳴き声やＤＮＡ解析情報に基づく近年の分類では、30種ほど増えています。全身が木の葉や枝のような色あいで、樹上や地表の落ち葉にかくれる「擬態」が得意。巣はつくらず、落ち葉におおわれた地面に直接産卵するのも特徴です。日本では夏鳥で、夕やみがせまる初夏の山林で「キョキョキョキョ……」となわばりをアピールする連続した鳴き声を耳にすることも。また、北アメリカ大陸の一部に生息する全長20cmの小型のプアーウィルヨタカは、鳥で唯一長期の冬眠をすることで知られています。

⑨ アブラヨタカ目

Steatornithiformes　　1科1属1種　皆前趾足

アブラヨタカ

　南アメリカ大陸北部の山岳地帯に生息する鳥で、足指は他のヨタカ類が三前趾足なのに対して皆前趾足となっています。これは近縁のアマツバメ類と同じつくりです。夜行性の鳥にはめずらしく植物食で、油分の多いヤシなどの果実を食べています。ほら穴の中でなかまとコロニーをつくり集団で繁殖するという、コウモリのような生態も特徴的です。

　ヨタカ類のひなは半早成性で卵からかえると間もなく親と行動することもできますが、アブラヨタカのひなはしばらくの間、巣内で親の世話を受けて育ちます。巣をでる前のひなは、成鳥の親よりも体重が重く太っています。アブラヨタカの名は、その昔、これらのひなたちが大量に捕らえられ、ランプや食用の油に利用されたことに由来します。

10 タチヨタカ目

Nyctibiiformes

1科2属7種　三前趾足

オオタチヨタカ

　西インド諸島をふくむ中南米の熱帯林に生息する7種からなるグループ。夜行性で、大きく開くくちで飛ぶ昆虫を捕食したり、擬態に役だつ地味な羽色をしている点はヨタカ目の鳥と共通ですが、木の枝に対して並行ではなく垂直にとまるところからこの名がつきました。中央アメリカと南アメリカ大陸に分布する写真のオオタチヨタカのように、日中は樹上で木の枝そっくりに擬態し、身をかくしてすごします。しかし行動をはじめる夜間には、ひらけた場所で周囲を見わたせる枝にとまって昆虫を探す姿や、光をよく反射する目などから、見つけやすい鳥だとされています。また、鳥らしからぬさけび声やカエルに似た鳴き声など、種によってさまざまな音声を発することも特徴のひとつです。

11 ガマグチヨタカ目

Podargiformes　　オーストラリアガマグチヨタカ　1科3属16種　三前趾足

オーストラリアガマグチヨタカ　　パプアガマグチヨタカ

　オーストラリアから東南アジア、インド南端にかけて分布する、オーストラリアガマグチヨタカ属、ソロモンガマグチヨタカ属、ガマグチヨタカ属の16種からなるグループ。くちばしの先はかぎ状に曲がっており、そのつけねには剛毛が。くちが大きく見えることから、英名、和名ともカエルのくちを意味するものとなっています。タチヨタカやズクヨタカと同じく木の枝には垂直にとまります。起源はオーストラリアとみられていますが、東南アジアのほうが12種と分化が進んでいます。また、オーストラリアガマグチヨタカ類は多くの種で褐色タイプと灰色タイプが見られます。オーストラリア全土に生息するオーストラリアガマグチヨタカがこのグループの代表的な種といわれています。

12 ズクヨタカ目

Aegotheliformes　1科1属9種　三前趾足

オオズクヨタカ

ハルマヘラズクヨタカ

　オーストラリアからニューギニアにかけて分布する、ミミズクに似ていることから名づけられたグループ。他のヨタカのなかまと同じく夜行性で、日がくれると木の枝から空中の昆虫に飛びついて捕食します。ホバリングしながら葉についた昆虫をつまみとったり、地上におりて捕らえることもあるそうです。ヨタカ類の中では唯一、営巣するという特徴があり、オスとメスが共同で木のうろや岩のさけめなどに葉をもちこみ、しきつめて巣をつくります。

　オオズクヨタカは、ニューギニアの亜熱帯または熱帯の湿潤気候の山岳林に生息する大型のヨタカ。インドネシアの島の名を冠するハルマヘラズクヨタカは、ズクヨタカの中では最も北方に分布し、他種にくらべて暗い羽色が特徴です。

COLUMN

ヨタカの系統いまむかし

　詩人、童話作家として知られる宮沢賢治（1896-1933）の作品には多くの生きものが登場し、その中には鳥も少なくありません。「よだかの星」はヨタカが主人公の賢治の代表作のひとつで、「よだかは、実にみにくい鳥です」という一文からはじまります。そしてその姿かたちや他の鳥たちからの評判にふれたあと、名前は「夜鷹」といっても、「ほんとうは鷹の兄弟でも親類でもありませんでした。かえって、よだかは、あの美しいかわせみや、鳥の中の宝石のような蜂すずめの兄さんでした」とその系統について説明するのです。「蜂すずめ」は現在アマツバメ目に分類されているハチドリの別名です。作品が書かれた当時は、カワセミとハチドリ、ヨタカは、ともにブッポウソウ目とされていました。ここからも分類が大きく変化してきたことがうかがえます。ちなみに「くちばしは、ひらたくて、耳までさけています」と賢治があげたヨタカの特徴は、ヨタカ類の5目とアマツバメ類をまとめた「Strisores類」というグループの鳥たちに見られる形態でもあります。

アマツバメ

ヨタカ

ヒメアマツバメ

13 アマツバメ目

Apodiforme

3科132属483種

皆前趾足（アマツバメ科・カンムリアマツバメ科）
アマツバメ

三前趾足（ハチドリ科）
アオミミハチドリ

アマツバメ科

アマツバメ　昆虫を捕らえてくわえています。

ハリオアマツバメ

　アマツバメ科とカンムリアマツバメ科、ハチドリ科の3科から構成されるスズメ目の次に種数の多いグループです。名前からもわかるように、アマツバメは飛びながら昆虫を捕食する生態や形態がツバメによく似ています。しかし飛びながら寝ることでも知られるアマツバメの飛翔に特化した生活はツバメ以上で、標高3000m超の山の上空で姿が確認されるほど高度を高速で飛び、上昇気流で吹き上げられた虫を捕らえます。ちなみに水平飛行での鳥の最速記録はハリオアマツバメの時速169kmなのだとか。そんなアマツバメ科とカンムリアマツバメ科の鳥たちの足指は、4本すべてが前方を向いた皆前趾足。他の鳥のように枝や電線にはうまくとまれず、岩などの壁面に爪でぶら下がるようにとまります。

カンムリアマツバメ科

頭部に小さな冠羽があるアマツバメのなかま。アマツバメ類ほど飛び続ける生活ではなく、木の枝にとまって昆虫を待ちぶせて捕らえることも。

ハチドリ科

鳥の中で最もからだが小さいグループ。高速で翼を動かすホバリング（停空飛翔）をしながら花のみつを採食する姿も有名。多くの収斂進化が見られます。

シラヒゲカンムリアマツバメ

ミドリボウシテリハチドリ

タラマンカハチドリ

14 エボシドリ目

Musophagiformes

ニシムラサキエボシドリ

1科6属23種　対趾足

ギニアエボシドリ

カンムリエボシドリ

ホオジロエボシドリ

ニシムラサキエボシドリ

　アフリカ大陸のサハラ砂漠より南にのみ分布するエボシドリ。すべての種がもつ冠羽の形状が烏帽子に似ていることが和名の由来です。カッコウ目やノガン目に近縁で、以前はカッコウ目エボシドリ亜目でしたが、DNA解析により別目となりました。羽色の独特の緑と赤は光の反射によるものではなく、唯一この鳥だけがもつ珍しい色素によるものです。

15 ノガン目

Otidiformes

ノガン　1科12属26種　三趾足

ノガン

アフリカオオノガン

アラビアフサエリショウノガン

セネガルショウノガン

　ユーラシア、アフリカ、オーストラリアに分布するノガン科26種の鳥で構成されるグループ。ほとんどの種のオスは繁殖期になると集団求愛場であるレックを形成し、メスに向かってディスプレイを競い合います。その後、抱卵と早成性のひなを育てるのはメスの担当です。写真のノガンは、くちばしの側面から白い飾り羽が伸びた繁殖期のオス。ノガンは山七面鳥の別名のとおり、翼開長2.4m以上にもなる体格で、最大18kgと現存する空を飛ぶ鳥の中では最重量級を誇ります。長く強じんな足は第1趾がない三趾足で、あまり空を飛ばないこの鳥の重要な移動手段となっています。そんなノガンの生息環境は現在全体的に悪化しており、個体数は激減。絶滅の危機にさらされています。

16 カッコウ目

Cuculiformes　　1科33属147種　対趾足

カッコウ

ホトトギス

ツツドリ

ジュウイチ

　エボシドリ科やツメバケイ科がふくまれることもありましたが、現在はカッコウ科のみからなるグループ。頭は小さめで、太いからだをもち、くちばしは細長くやや下に湾曲している鳥たちが多く見られます。足指は2本ずつ前後を向いた対趾足です。南極大陸をのぞく世界中に分布しており、ほとんどの種が樹上性で、森林、一部は草原などに生息しておもに昆虫を捕食します。トカゲやカエルなどの小動物を捕食する大型種や、果実食派の種もいます。繁殖スタイルも一夫一妻から一夫多妻、子育てのサポートをするヘルパーをもつ種もいたりと多様ですが、多くが托卵をします。このカッコウ科の托卵行動については、近年の分子系統の研究によりこれまで複数回進化をとげていることがわかっています。

オニカッコウ

アマゾンカッコウ

オオオニカッコウ

カンムリジカッコウ

マミジロバンケン

オオミチバシリ

カッコウといえば「托卵」

他の鳥の巣に卵を産みつけ、子育てをしてもらう托卵。子育てをする鳥は仮親とよばれます。ひなが仮親の卵より早めにかえって周囲の卵を落とすカッコウ属の習性が有名ですが、カンムリカッコウ属、オニカッコウ属は仮親のひなとともに巣で育ちます。

MEMO

カッコウのひな(左)と仮親のオナガ。

17 クイナモドキ目

Mesitornithiformes　　1科2属3種　　三前趾足

メスアカクイナモドキ

　クイナモドキの名はクイナに似ていることに由来し、以前はクイナがふくまれるツル目に分類されていました。現生するのは3種で、チャイロクイナモドキは湿潤林、ムナジロクイナモドキは乾燥林、メスアカクイナモドキは有刺植物のある乾燥した茂みに生息しています。種名はそれぞれの羽色からで、メスアカクイナモドキは、のどや胸の赤色がメスのほうが目立つことから名づけられました。このグループの鳥たちは飛行時に重要な役割をする叉骨が退化しており、飛翔力は高くありません。低地の林などにペアや小規模な群れでくらし、地上で昆虫や種子をとって食べています。ただ繁殖のための巣は木の上につくります。

ムナジロクイナモドキ

クイナモドキは3種ともマダガスカル島だけにくらす固有種で、絶滅が心配されています。

18 サケイ目

Pteroclidiformes

1科2属16種　三前趾足

シロハラサケイ

チャバラサケイ

クリムネサケイ

　丸いからだに小さな頭、短い足がハトに似ており、かつてはハト目にふくまれていたサケイのなかま。アフリカやアジアの砂漠やサバンナなどの気温50度以上にもなる乾燥地帯に群れでくらしています。地上で植物の種子のほか昆虫などを食べていますが、朝と夕方には水場に飛んでいき、大量に水を飲みます。片道数十km離れた水場まで向かうこともあります。そんなサケイのオスの腹部の羽毛は、全体重の15％の重量におよぶ水を吸収し、ためることができます。子育て期間中、水場で羽毛に水をたっぷりふくませたオスは、巣にもどってひなにあたえます。

19 ハト目
Columbiformes

1科51属353種　三前趾足

キジバト

キジバト

シラコバト

カワラバト（ドバト）

　北極・南極地方をのぞく世界各地に分布する、からだの大きさにくらべて頭が小さく、胸をそったような姿勢が特徴的な鳥たちです。「鳩胸」の語源でもあるこの姿勢は発達した胸の筋肉と竜骨突起によるもので、力強く羽ばたき、長い距離を飛ぶのに役立ちます。その高い飛翔力と帰巣本能により伝書鳩として活用されるなど、人間との関係が深い種もいます。そんなハトのなかまは、木の上や建物の屋根、地面のくぼみなどに枝や枯れ草などを置いて巣をつくります。親はそのうという器官からピジョンミルクとよばれる液体を出してひなにあたえます。これにより、昆虫や植物など食べものを得やすい季節に繁殖する他の多くの鳥と異なり、親の栄養状態がよければハト類は一年中繁殖することができるのです。

20 ツル目

Gruiformes

6科55属189種　三前趾足　弁足

左：タンチョウ
右：オオバン

ツル科

カンムリヅル

カナダヅル

　くちばしと首、足が長い大型のツル科、左右から押しつぶしたように平たいからだに細い足のクイナ科、カモのように泳ぐのが得意なヒレアシ科、森林性のラッパチョウ科など、それぞれタイプの異なる6科からなるツル目。DNA解析により、恐竜絶滅直後にあたる最も古い時代に形成されたことがわかっています。その大部分をしめるのはクイナ科で、目名となっているツル科の15種に対し、152種を数えます。クイナ科の鳥は島にいて飛ばなくなった種や絶滅した種も多く見られます。ちなみにツルのなかまの中で早く分化したのは、アフリカ大陸の一部に分布するカンムリヅルとホオジロカンムリヅルでした。この原始的な2種は他のツルと異なり、木の枝を足指でつかんでとまることができます。

クイナ科

太くて強い足と短い翼をもつ、地上性または水上性の鳥。南極をのぞくすべての大陸に分布し、離島にすむ固有種も多く見られます。

クイナ

シロハラクイナ

バン

オオバン

アフリカクイナ科

アフリカ全域のヨシやパピルスの茂った湖沼、湿原に生息し、おもに昆虫や軟体動物を捕食しています。

ツルモドキ科

中米から南米の熱帯雨林の水辺に生息するほぼ飛ばない鳥。単独やペア、群れでくらし、樹上で休みます。

マダガスカルシマクイナ

ツルモドキ

ヒレアシ科

熱帯地域に生息し、細長いくちばしで昆虫やカニ、カエルなどの小動物、植物を食べます。泳ぎも得意。

ラッパチョウ科

南アメリカの熱帯雨林に生息する森林性の鳥。サルなどが落とす果実を地上で食べます。

アメリカヒレアシ

ラッパチョウ

アオバネラッパチョウ

COLUMN

「？」な鳥の受け皿だったツル目

DNA解析の前と後で分類が大きく変わったのがツル目。以前は形態の類似からなかまとされていたノガン科、ノガンモドキ科、ジャノメドリ科、カグー科、クイナモドキ科、ミフウズラ科、クビワミフウズラ科がふくまれる大所帯でした。

その引っ越し先は、次のとおり。

その1 ツルのように足が長く背の高い鳥たち

・ノガン科……ノガン目ノガン科として独立。カッコウ目と姉妹群であることがわかり、ハトのなかま（鳩鳥類）に。

・ノガンモドキ科……ノガンモドキ目ノガンモドキ科として独立。ハヤブサ目と姉妹群でした。

その2 クイナに似た体形の鳥

・クイナモドキ科……クイナモドキ目クイナモドキ科として独立。サケイ目と姉妹群になり、やはりハトのなかまに。

・ミフウズラ科、クビワミフウズラ科……チドリ目へ。

その3 ツルとクイナの中間のような鳥

・カグー科、ジャノメドリ科……ジャノメドリ目として独立。形態からは思いもつきませんでしたが、ネッタイチョウ目と姉妹群でした。

クビワミフウズラ

本種のみでクビワミフウズラ科を形成するオーストラリア固有種。ミフウズラ科に近縁と考えられていた一方で、ヒバリチドリ科近縁説も。とりあえず現在はチドリ目へ。

21 カイツブリ目

Podicipediformes

1科6属23種　弁足

カイツブリ

アカエリカイツブリ

オビハシカイツブリ

カイツブリ

　南極をのぞく世界各地の池や湖で繁殖しますが、冬は海岸などに移動して越冬するものも。日本では5種が記録されています。潜水が得意で、からだの後方についた弁足で水を平泳ぎのようにけって潜り、魚や水生昆虫、甲殻類を捕食。逆に、重心が後方にあるため転びがちで、歩くのは苦手です。カモ類と異なりオスとメスは同色で、子育ては共同でおこないます。巣は水上にヨシや水草を積み上げてつくる浮き巣で、ひなが小さいときは親の背に乗り水面を移動する姿もよく見られます。

ハジロカイツブリ

22 フラミンゴ目

Phoenicopteriformes

ベニイロフラミンゴ

1科3属6種 | 蹼足

オオフラミンゴ

ベニイロフラミンゴ

　アフリカ大陸や南アメリカ大陸、インドなどの熱帯から温帯地域に6種が分布する、長い足、長い首、大きなまがったくちばしが特徴の大型の水鳥。塩湖やアルカリ湖といった特殊な環境に大きな群れでくらしています。からだの赤色は食べる藻類の色素によるものです。その形態からコウノトリ目やチドリ目と近い関係と考えられていましたが、DNA解析によりカイツブリ目と最も近縁であることが明らかになっています。

6種のくちばしをくらべてみよう

　色や大きさに多少ちがいはあってもどの種も採食方法は同じ。頭を逆さにした状態で上くちばしを水面につけ、藻類など水中の微生物を水ごとすくいとり、くちばしのふちのヒゲ状の特殊な組織でこして水だけを排出します。ちなみにひなのくちばしはまっすぐで、生まれてひと月くらいで親と似てきます。

23 チドリ目

Charadriiformes　19科90属391種

 三趾足 シロチドリ
 三前趾足 ヤマシギ
 蹼足 ウミネコ

シギ科　ハイイロヒレアシシギ

メス

オス

　「シギチ」の愛称で知られるチドリ科とシギ科、レンカク科、カモメ科、ウミスズメ科などをふくむ、世界中に広く見られる19科90属391種からなる多様性の高いグループです。ふくまれる科はスズメ目の次に多く、右ページのように、チドリのなかま、シギのなかま、カモメのなかまの大きく3つに分けられます。全体的には水辺でくらすおもに動物食の鳥たちが多く、カモメ科、ウミスズメ科の鳥には、水かきをもち、泳ぎや潜水が得意なものも見られます。シギチ、カモメやアジサシなど渡りをする鳥も少なくありません。そのなかでは一妻多夫の生態、キジ目のウズラ似で三趾足という形態など異色な陸鳥といえるミフウズラは、ツル目に分類されていましたが、DNA解析によりこちらに移されました。

90

チドリ目19科はこんなグループ

MEMO

チドリのなかま（8科）
- イシチドリ科
- サヤハシチドリ科
- マゼランチドリ科
- ミヤコドリ科
- トキハシゲリ科
- セイタカシギ科
- チドリ科
- ナイルチドリ科

シギのなかま（5科）
- タマシギ科
- レンカク科
- クビワミフウズラ科
- ヒバリチドリ科
- シギ科

カモメのなかま（6科）
- ミフウズラ科 ※
- カニチドリ科
- ツバメチドリ科
- カモメ科
- トウゾクカモメ科
- ウミスズメ科

※分子系統解析では近縁ですが、渡りをする水鳥の多い他の科の鳥に対し、あまり飛ばない陸鳥であるミフウズラ（→p22）。生態・形態が特殊であることから、ミフウズラ科の17種をミフウズラのなかまとしてカモメのなかまとは分けることもあります。

チドリ科　カタアカチドリ

ミヤコドリ科　アメリカミヤコドリ

ミフウズラ科　ミフウズラ

カモメ科　マゼランカモメ

チドリのなかま

世界に広く分布。顔のたれた皮ふが目をひくトサカゲリ、ペンギンから卵や食べものをうばい死肉を食べるサヤハシチドリなど個性派も。

トキハシゲリ科 トキハシゲリ

チドリ科 ズグロトサカゲリ

ナイルチドリ科 ナイルチドリ

アルファベットのUはこの鳥の胸の黒斑の形からという説も。

イシチドリ科 オーストラリアイシチドリ

セイタカシギ科 アメリカンリハシセイタカシギ

サヤハシチドリ科 カオグロサヤハシチドリ

シギのなかま　オスよりメスが大きく羽色もきれいでディスプレイもメスがおこなう一妻多夫の
タマシギは留鳥ですが、日本では旅鳥として訪れることの多い鳥たちです。

カモメのなかま

極地をのぞく世界の海洋、一部が内陸部にも生息。集団繁殖地（コロニー）を形成する種も。

トウゾクカモメ科
トウゾクカモメ

ツバメチドリ科
アフリカスナバシリ

ウミスズメ科
シラヒゲウミスズメ

カモメ科
インカアジサシ

MEMO

冠羽と角目、嘴鞘をくらべてみよう

ウミスズメ科のツノメドリのなかまには繁殖期になるとくちばしに嘴鞘という装飾カバーができ、終わるとはずれて落ちます。夏羽のツノメドリは黒くて細い模様で目から角がはえたように見え、エトピリカは冠羽が目立ちます。

ウミスズメ科

ツノメドリ

エトピリカ

ニシツノメドリ

COLUMN

チドリ目の鳥たちと渡り

　世界中に分布し、おもに湿地や干潟、川原などに生息するチドリ目の鳥たちの多くは、渡りをおこなう鳥が少なくありません。カモメ類は越冬のために日本を訪れる冬鳥で、シギ・チドリ類やアジサシは繁殖地と越冬地に向かう途中に日本に立ち寄る漂鳥です。シギ・チドリ類の繁殖地は東北シベリア、アラスカなどで、冬をすごした東南アジアやオーストラリアから数千kmにもおよぶ長旅をします。アジサシの繁殖地はユーラシア大陸中部以北と北アメリカ大陸中部から東部の広い地域で、アフリカやオーストラリア、南アメリカなどの熱帯から南半球にかけての沿岸部で越冬します。

写真は過去に日本で確認されたことのある迷鳥たち。オーストラリアに生息するギンカモメは2021年に石垣島に飛来し、話題をよびました。

シロアジサシ

カモメ科　ギンカモメ

トウゾクカモメ科　シロハラトウゾクカモメ

95

24 ジャノメドリ目

Eurypygiformes

カグー

2科2属2種　三前趾足

ジャノメドリ科　ジャノメドリ

中央アメリカ、南アメリカ大陸に分布するジャノメドリと、ニューカレドニア島の固有種であるカグーの2種からなるグループ。この鳥たちは風切羽がやわらかく、音もなくふわっと飛ぶのが特徴です。ジャノメドリの名は翼を広げると出現する大蛇のような目玉模様に由来しますが、これは敵への威嚇などに使います。大きな冠羽が特徴のカグーには、ミミズを探して掘り返した土が入らないよう鼻の穴にふたがあります。

カグー科　カグー

25 ネッタイチョウ目
Phaethontiformes

アカオネッタイチョウ

1科1属3種 | 全蹼足

シラオネッタイチョウ

太平洋・大西洋・インド洋などの熱帯海域に生息するネッタイチョウ科3種の鳥からなるグループ。全蹼足という特徴が共通なペリカン目に分類されていましたが、DNA解析によりジャノメドリ目の近縁であることがわかりました。白いからだに全長の約半分にもおよぶ中央の細長い2枚の尾羽が特徴的で、これを吹き流してディスプレイをおこないます。海上でくらし、海に飛びこんで魚やイカなどを捕って食べます。

アカオネッタイチョウ

アカハシネッタイチョウ

26 アビ目

Gaviiformes

シロエリオオハム

1科1属5種 | 蹼足

アビ

おもに海上でくらす水鳥で、北アメリカ大陸やユーラシア大陸北部の湖の岸辺などで繁殖し、冬季は北大西洋、北太平洋の沿岸部に南下して越冬。からだは重めですが長距離を飛んで移動するアビ科1属5種からなるグループです。4種は冬季の日本で会うことができます。日本には九州以北に冬鳥として訪れるほか、渡りの途中に北海道に旅鳥として飛来します。カイツブリなどと同じく足がからだの後方についているため歩くのは苦手ですが、泳ぐのは得意。潜って魚を捕らえます。かつて瀬戸内海でおこなわれたアビ漁は、オオハムが潜水してイカナゴを捕食するときに集まってくるマダイなどを一本釣りするというものでした。

シロエリオオハム

27 ペンギン目

Spheniciformes

ケープペンギン

1科1属18種 | 蹼足

ガラパゴスペンギン

オウサマペンギン

コガタペンギン

　南極大陸を中心に南半球に広く分布する飛ばない海鳥のグループ。翼は水中を飛ぶように泳ぐために最適化され、ひれ状の「フリッパー」となりました。他の鳥と異なる点も多く、たとえば鳥には無毛域とよばれる地肌が露出した部分がありますが、ペンギンにこの無毛域はありません。また、鳥の多くは陸上では胴体を前後に倒し、首を起こす姿勢をとりますが、ペンギン類は胴体を垂直に立てます。短く見える足は、じつは体内の皮下脂肪の内側で折り曲げた状態。関節はこの状態のまま固定されているので、足をのばして立つことはできません。ちなみに現生の最小種はオーストラリアなどに生息するコガタペンギンで、全長36～40cm。最大種は全長115～130 cmのコウテイペンギンとなっています。

99

冠羽をくらべてみよう

MEMO

いずれも頭部の冠羽がチャームポイントのマカロニペンギン属のペンギンたち。イワトビペンギンは以前は1種とされていましたが、種分化しました。

COLUMN

最初に「ペンギン」とよばれた鳥

　左下の写真はかつて北大西洋に生息していたオオウミガラスで、その学名は*Pinguinus impennis*。なんだかペンギンと似ています。しかしそれは逆で、ペンギンの元祖はじつはこちら。現在親しまれているペンギンは、このオオウミガラスに似た鳥が南半球で発見され、それがペンギンの名でよばれるようになったものなのです。では、最初に学名がつけられたペンギンは？　答えは、アフリカのケープペンギン。オオウミガラスもケープペンギンもリンネが二名法で生物に学名をつけ始めた1758年にリンネにより命名されています。このとき命名されたペンギンは1種だけでしたので、オオウミガラスから一般名である英名でPenguinの名前を受け継いだのはケープペンギンです。ちなみにコウテイペンギンに学名がつけられたのは1844年で、奇しくもオオウミガラスが絶滅した年でした。

オオウミガラスの絶滅もまた人間の乱獲からでした。現在その姿を見られるのは博物館などのはく製のみです。

ケープペンギン

28 ミズナギドリ目

Procellariiformes

4科26属149種 　蹼足

コアホウドリ

ニュージーランドアホウドリ

アホウドリ科

ワタリアホウドリ

クロアシアホウドリ

　長い翼で羽ばたきと滑空をくりかえして長距離を飛ぶ海鳥のグループ。世界中の海上で姿が見られますが、南半球で進化をとげた鳥たちです。足指には水かきがあり、多くの鳥は潜水も得意。空中から海に飛びこみ、海中や海面で魚やイカ、プランクトンなどを捕らえます。くちばしの上にあるでっぱりは鼻で、管状の鼻の穴が特徴的。えものを食べるときにいっしょに海水を飲みこむため、体内の塩分が多くなりすぎないようこの鼻の穴から塩分を排出します。海面からの風に乗り、1日1000km以上の距離を移動するといわれるアホウドリのなかまは、ハクチョウやコンドルと並び、飛ぶ鳥では最大級。ワタリアホウドリは鳥類最長の翼開長300cmの翼をもち、野生下で80年以上生きる最も長命な鳥です。

ミズナギドリ科

ミズナギドリのなかまは繁殖期だけ陸地に上がり、おもに岩のすきまやがけなどに掘った穴に巣をつくります。日本では5種が繁殖しています。

オオシロハラミズナギドリ

ノドジロクロミズナギドリ

ヒメクジラドリ

フルマカモメ

白色タイプ

灰色タイプ

ウミツバメ科

名前はツバメに似た翼とふたまたの尾羽をもつ種類がいることから。繁殖期は海上の島で集団で繁殖します。

コシジロウミツバメ

アシナガウミツバメ科

南極やその周辺の島で繁殖。以前はウミツバメ科でしたが、姉妹群であることがわかり分けられました。

コアシナガウミツバメ

103

29 コウノトリ目

Ciconiiformes

1科6属20種　半蹼足　コウノトリ

シュバシコウ

セイタカコウ

アフリカハゲコウ

　コウノトリ科6属20種で構成されるグループ。北アメリカ大陸北部と南極大陸をのぞく各地の淡水の水辺や海岸に生息する、長くしっかりした足とくちばしをもつ大型の鳥たちです。首とくちばしをすばやくのばし、昆虫や小型の甲殻類、魚やは虫類などを捕らえます。声を出して鳴くことはほとんどなく、なかまとはくちばしを鳴らす「クラッタリング」でコミュニケーションをとります。

30 カツオドリ目
Suliformes

左:ウミウ 右:オオグンカンドリ

 全蹼足

 欠全蹼足（グンカンドリ科）

4科12属61種

カツオドリ科

カツオドリ

アオアシカツオドリ

　熱帯から温帯の海の上でくらす海鳥のグループ。日本の島で繁殖するものもいます。ほとんどの鳥は4本の足指すべてが水かきでつながっている全蹼足。細くて長い翼をもち、空中から水中の魚の群れめがけて飛びこみ、長くとがったくちばしで魚やイカなどを捕らえます。くちばしのふちにはギザギザがあり、えものをしっかりくわえることができます。

アカアシカツオドリ

シロカツオドリ

105

グンカンドリ科 熱帯・亜熱帯の外洋性の海鳥で、飛翔力は高い反面、泳ぎは不得手。カモメなどを追い回してえさをうばう習性から「軍艦鳥」の名がつきました。

アメリカグンカンドリ

オオグンカンドリ

ヘビウ科 先がとがったくちばしで魚を突きさして捕らえます。ウの近縁で、黒っぽい翼を広げて乾かす姿が似ています。

アフリカヘビウ

アメリカヘビウ

ウ科

姿のとても似ているカワウとウミウ。その分布域の広さは対照的で、カワウはウ科42種で最も分布が広いのに対し、ウミウは極東域にのみ生息します。

カワウ

ウミウ

ガラパゴスコバネウ

シロハラコビトウ

31 ペリカン目

Pelecaniformes

左：モモイロペリカン
右：アオサギ

5科36属120種 ｜ 全蹼足 ｜ 半蹼足

ペリカン科

モモイロペリカン

　くちばしが大きく袋状になっていることでおなじみのペリカン科のほか、シュモクドリ科、トキ科、ハシビロコウ科、サギ科の5科36属120種からなるグループ。海岸や水辺にくらす鳥が多く、おもに魚を食べる動物食です。足指の形はすべて共通ではありませんが、ペリカン科は全蹼足です。足指のほか、くちばしの形もペリカン目は科によって異なり、ペリカン以外も個性的なくちばしが並びます。ただ形は似ていても使い方は少しちがうことも。たとえばモモイロペリカンは魚の群れを浅瀬に追いたて、囲いこむようにしてくちばしで魚をすくいとります。対して、小型のカッショクペリカンは、魚めがけて空から水中にダイビング！　くちばしではさんだり、すくったりして捕らえます。

ペリカン科

コシグロペリカン

アメリカシロペリカン

トキ科

多彩な羽色のトキ科。全身真っ赤なショウジョウトキの成鳥に対し、幼鳥の色は黒と白です。

ショウジョウトキ

トキ

マダガスカルトキ

シュモクドリ科

サハラ砂漠以南に広く分布。大量の枝などで高さ2mにもなる巣をつくることでも知られます。英名は「かなづち頭」の意。

シュモクドリ

ハシビロコウ科

ときに何時間も待ちぶせ、ハイギョが近づくと勢いよく大きなくちばしでかみつきます。写真は、日光浴中。

ハシビロコウ

> **サギ科** 首は長いものから短いものまでさまざま。首の長い種は飛行中はツルなどと異なり、折って縮めます。繁殖羽など羽色の変化も多い科です。

ダイサギ / ゴイサギ / アオサギ / フエフキサギ / ヒロハシサギ

MEMO
ゴイサギの羽色の変化（ホシゴイ→成鳥）

同じサギ科のササゴイに似ておりホシゴイの別名をもつ幼鳥。しだいにゴイサギに。

32 ツメバケイ目

Opisthocomiformes　　1科1属1種　三前趾足

ツメバケイ

　南アメリカ大陸北部に生息するツメバケイ1種のみのグループ。全長62〜70cm、長い首と尾羽、冠羽をもつツメバケイは、おもに林の木の上でくらし、鳥類で唯一、木の葉を主食にする珍しい鳥です。また、ひなの翼にかぎ爪があるという大きな特徴があります。川や湖の上に小さなコロニーをつくり繁殖しますが、敵がひなをねらってやってくると、ひなは木の上の巣から下の湖などに飛びこみ、敵がいなくなるまで水草にかくれます。その後、泳いで岸に向かい、翼にある爪も使って巣まで木をのぼるのです。そんなツメバケイは、系統的にも極めて特殊性が見られるのだとか。44目の新たな系統樹では猛禽類はこの鳥を経て出現したことになっていますが、また別の可能性もささやかれています。

33 タカ目

Accipitriformes

左：イヌワシ
右：ミサゴ

4科78属265種

三前趾足（ミサゴ科以外）
可変対趾足（ミサゴ科）

タカ科　マダラハゲワシ

ハクトウワシ

オオワシ

　南極大陸をのぞく世界中に見られる、いわゆる「猛禽類」のグループ。その捕食対象は、昆虫、は虫類、両生類、魚、鳥、ほ乳類……と、まさになんでも。おもに死体を食べるスカベンジャーとよばれる鳥もいます。ハゲワシ類とコンドル科、それぞれにいますが、死体を探す方法は異なり、鼻の穴が開いているコンドル科はにおいで、鼻の穴がろう膜で閉じているタカ科の鳥は目で探すのだとか。タカ目の中でも最も変わり種が、アフリカの熱帯雨林や湿地帯にくらすヤシハゲワシ。この鳥はヤシが主食なのです。その理由としては、熱帯雨林の死体不足が考えられています。

コンドル科

翼の面積がとても大きく、頭に羽毛ははえていません。死体を食べる際よごれにくいという利点があります。

トキイロコンドル

アンデスコンドル

メス

オス

ヘビクイワシ科

アフリカ大陸南部に生息。するどいくちばしでヘビや昆虫などを食べます。長い足で強くふみつけて捕らえることも。速く走ることができ、ほとんど飛ぶことはありません。

ミサゴ

ミサゴ科

おもに魚を捕食します。停空飛翔（ホバリング）しながら水上で魚を探し、見つけると急降下して水中で捕らえます。

ヘビクイワシ

タカ科

上空から小さなえものを見つけられるほど目がよく、力強い足でがっちりとつかんで捕らえ、するどく曲がったくちばしで切りさきます。

カンムリワシ
写真は台湾固有亜種の大型のオオカンムリワシ。

フィリピンワシ

ヤシハゲワシ
ヤシの実はくちばしで割り、中の胚乳を食べます。

カオグロノスリ

34 フクロウ目
Strigiformes

2科27属220種 　可変対趾足

フクロウ

メンフクロウ科　メンフクロウ

　南極大陸をのぞく世界中にくらしているフクロウ科とメンフクロウ科からなるグループ。その多くが夜行性で、するどいくちばしとかぎづめをもつ動物食です。タカ目の祖先から出現したフクロウの系統はもともと昼行性だったようで、6100万年前ごろにノガンモドキ目やハヤブサ目などの共通祖先と分かれ、夜の猛禽類へと進化しました。「顔盤」とよばれる平たい顔は、夜の闇の中でもパラボラアンテナのようにえものの動く気配をキャッチします。ほかにも飛翔時の音を消す羽の構造など、フクロウのからだは夜の猛禽類になるための機能を複数備えています。

ニセメンフクロウ

フクロウ科

現生フクロウ類の最初の分化は4500万年前ごろ、メンフクロウ科とフクロウ科の分化でした。その2科が現在のフクロウ目に分類されています。

COLUMN

「フクロウ」と「ミミズク」

　この2つのよび名のちがい、わかりますか？「フクロウはミミズクより大きい？」「耳があるのがミミズク？」「すんでいる地域のちがい？」──いずれも当たっている部分も外れている部分もありますが、答えとしては、2つめです。
　「ズク」はフクロウを指す日本の古語で、ミミズクは耳のあるフクロウ。正しくは、耳のように見える羽＝羽角（耳羽）のあるフクロウのことです。分類的には両者はともにフクロウ目フクロウ科の鳥で、これはタカとワシが同じタカ目タカ科の鳥であるのと同じです。2つめの答えにも外れている部分があるというのは、羽角のないアオバズクや羽角のあるシマフクロウなど、例外もあるからです。

アメリカオオコノハズク

クロオビヒナフクロウ

マレーワシミミズク

カラフトフクロウ

35 ネズミドリ目

Coliiformes

1科2属6種

アカガオネズミドリ

皆前趾足（随意対趾足）

アカガオネズミドリ

　アフリカ大陸のサハラ砂漠から南の地域に分布するネズミドリ科2属6種からなるグループ。猛禽類から最初に分化した猛禽類でない鳥から6000万年前ごろに最初に分かれたのがネズミドリ目の祖先で、このグループの鳥たちは果実などを採食し、樹上で群れをつくって生活しています。枝の上をチューチュー鳴きながらネズミのように走りまわるのが名前の由来です。灰色や茶色の地味な色彩で、冠羽と長い尾羽があり、羽毛がぼさぼさと立っているのが特徴。これは、鳥の羽毛の大部分についている羽毛どうしを引っかけてつなぐかぎ状の小突起がネズミドリ目にはなく、羽毛がまとまらないからなのだとか。足指は皆前趾足で、2本を後ろ向きにすることも可能。これは樹上生活に適応した結果です。

36 オオブッポウソウ目

Leptosomatiformes

1科1属1種　対趾足

オオブッポウソウ

　マダガスカル島とコモロ諸島に生息するオオブッポウソウ1種のみからなるグループ。全長40〜50cmで、頭部が大きくオス、メスともに短い冠羽があります。メスのからだは茶褐色で黒斑があり、これは保護色となっているようです。オスはうすい青紫色などに見える複雑な色で、翼にはにじ色の金属光沢があります。足指は、2本ずつ前後を向く対趾足。

高い木の上でくらし、昆虫やは虫類、小型ほ乳類などを待ちぶせして捕らえます。かつてはブッポウソウ目でしたが、DNA解析によりブッポウソウと同じ系統とはいえないということで独立。英名のCuckoo-rollerの由来は、尾羽が長いのはカッコウ類（Cuckoo）に似ており、大きな頭部と先端がかぎ状のくちばしがブッポウソウ（Roller）似であることから。

37 キヌバネドリ目

Trogoniformes　　1科7属46種　変対趾足

カザリキヌバネドリ

キノドキヌバネドリ

アカハシカザリキヌバネドリ

　アフリカ、アジア、中南米の熱帯の森林に生息するキヌバネドリ科の鳥たちからなるグループ。ケツァールの英名でもよく知られるキヌバネドリには、その和名のとおり絹のようにやわらかい羽毛がびっしりはえています。特にオスの羽毛は緑、紫、赤など金属光沢をした鮮やかな色彩で、腰部分に尾羽のように見える長い羽をもちます。この羽はのびるまで3年かかるのだとか。一方メスは灰色がかった地味な色をしており、樹上で生活し地上に降りることはほとんどありません。足指は前後2本ずつの対趾足ですが、通常とは異なり第1趾と第2趾が後ろ向きで第3趾と第4趾が前向きの変対趾足。これはこのなかだけの特徴です。なおカザリキヌバネドリは、グアテマラの国鳥にも指定されています。

38 サイチョウ目

Bucerotiformes

シラガサイチョウ

4科19属77種 / 合趾足

サイチョウ科

オオサイチョウ / サイチョウ

　大きなくちばしと頭の上のそりかえった突起がサイの角のようであるためその名のついたサイチョウ科、ジサイチョウ科、モリヤツガシラ科、ヤツガシラ科の4科で構成されたグループ。以前はブッポウソウ目でした。分かれましたが、ブッポウソウ目とキツツキ目とは近縁どうしです。

　温帯にくらすヤツガシラのほかは基本的に熱帯性の鳥たちで、色合いや冠羽など目を引くものが多くいます。熱帯の林にくらし、植物の果実をおもに食べながら昆虫やは虫類も食べる雑食ですが、ジサイチョウ科の鳥は、は虫類などを食べる動物食です。なおサイチョウは木のうろに巣をつくりますが、メスはそこに入ると内側から穴をほぼ埋めてしまいます。そして産卵、子育てが落ちつくまで出てきません。

123

サイチョウ科
くちばしの上の大きな突起は中空で、ディスプレイの際、鳴き声を反響させ大きくする効果があると考えられています。

アカコブサイチョウ

シロクロサイチョウ

ミナミジサイチョウ

ジサイチョウ科
かなりの距離を歩いてほ乳類やは虫類を捕らえるというジサイチョウ。オスののどは赤くふくらみます。

ヤツガシラ科
まれに渡りの途中で飛来する、日本で唯一見られるサイチョウ目の鳥。ひらけた場所で昆虫などを食べます。

モリヤツガシラ科
アフリカ大陸に分布。林で昆虫を捕食します。先に巣立った若鳥がヘルパーとして子育てを手伝います。

ミドリモリヤツガシラ

ヤツガシラ

39 ブッポウソウ目

Coraciiformes

6科32属186種 | カワセミ | 合趾足

カワセミ科

カワセミ

ヤマセミ

　色あざやかな鳥が多く、体形とくちばしの形状が科によって大きく異なる、ブッポウソウ科、ジブッポウソウ科、ハチクイ科、ハチクイモドキ科、カワセミ科、コビトドリ科の6科からなるグループです。共通する最大の特徴は、足が3本の前の足指全部、少なくとも2本がくっついている合趾足か半合趾足であるということ。その程度はまちまちですが、カワセミ科とハチクイ科の鳥たちが最もくっついています。生活様式は、見た目ほど大きくはちがいません。すばやく羽ばたいて直線的に空を飛び、昆虫やは虫類、魚などを捕らえて食べる動物食です。全体的には水辺や樹上ですごしますが、地上で採食するものも少なくありません。繁殖期にはほとんどが樹洞か土手に掘った横穴などの巣の中で産卵します。

カワセミ科 ユーラシア大陸北部と北アメリカ大陸北部以外の世界中に分布。からだのわりに大きな頭とくちばしが特徴。空中から水中にダイビングして魚を捕食します。

アカショウビン

ズアカショウビン

アオバネワライカワセミ

シラオラケットカワセミ

> **コビトドリ科**
>
> カリブ海を囲む西インド諸島のキューバやジャマイカなどに分布。赤いくちばし、きれいな羽色の全長10cmほどの小さな鳥です。

ハシブトコビトドリ

> **ジブッポウソウ科**
>
> マダガスカル島に分布する固有科。姉妹群のブッポウソウ類より羽色は地味です。森林や低木林などにすみ、昆虫や小型のは虫類、両生類などを捕食。

ジブッポウソウ

オナガジブッポウソウ

ブッポウソウ科

アフリカ大陸、オーストラリア大陸、ユーラシア大陸、インドネシア、スリランカ、日本、フィリピンに分布。美しい羽毛が特徴です。

ニシブッポウソウ

ブッポウソウ

ハチクイ科

アジア、アフリカ、オーストラリアに分布。細くて長いくちばしをもち、ハチを好んで食べます。

ハチクイモドキ科

中央アメリカから南アメリカ北部に分布。羽毛が一部なくなってラケット状になった尾羽が特徴。

ハチクイ　**ハチクイモドキ**

キツツキ目

Piciformes

左：クマゲラ
右：ミユビゲラ

9科74属449種　外対趾足　三趾外対趾足

メス　オス

アメリカゴシキドリ科
ズアカゴシキドリ

　大きめの頭、しっかりした足をもち、足指が対趾足の鳥たちのグループ。オーストラリア大陸やニュージーランドなどをのぞく世界各地に生息しています。種数はスズメ目、アマツバメ目の次に多く、科数もスズメ目、チドリ目に次いで3番目に多い、多様な目です。DNA解析により中南米のオオハシ科がアジア・ヨーロッパ・アフリカのゴシキドリ科よりアメリカゴシキドリ科に関係が近いとわかったことから、ゴシキドリ科が4つに分けられ、ゴシキドリの名がつく科が新たに3つできました。9科の中ではキツツキとミツオシエが系統的に近い関係にあります。特徴のあるくちばしをもつ鳥たちが多い目でもありますが、キツツキ類は温帯に広く生息し、オオハシのなかまはおもに熱帯にすみます。

オオガシラ科

南アメリカ大陸北部・中部に分布。まるまるとしたからだと大きな頭が特徴で、昆虫などを食べます。

キリハシ科

メキシコ南部、南アメリカ大陸中部・北部に分布。昆虫ははねなど消化できない部分をとって食べます。

アカガオオオガシラ

ミツユビキリハシ

ミツオシエ科

ミツオシエ属の一部をのぞき、アフリカ大陸に分布。他の動物と協力して食べもののハチの巣をとります。

アフリカゴシキドリ科

アフリカ大陸に分布。おもに樹上生活ですが、ムナオビオナガゴシキドリは地上で生活します。

マレーミツオシエ

フタツハバシゴシキドリ

ゴシキドリ科
アジアに分布する種はあざやかな色彩をした種が多いのが特徴。台湾に生息するゴシキドリに最初につけられた和名が、科の名称にもなっています。

キホオゴシキドリ　シボリズキンゴシキドリ　エダハシゴシキドリ

オオハシ科
メキシコからベネズエラに分布。大きなくちばしは求愛に使うと考えられています。おもに果実など植物を食べます。オニオオハシはオオハシ科では最大。

サンショクキムネオオハシ

オニオオハシ

オオハシゴシキドリ科
南アジア、東南アジアに分布。太く大きなくちばしが特徴です。低地から高山まで広く生息しています。

オオハシゴシキドリ

キツツキ科

温帯に広く生息。木の幹に穴をあけ巣をつくることができる貴重な存在。その古巣は鳥以外の動物からも大人気です。厚い頭蓋骨が一日に数千回も木をつつく衝撃を吸収します。

41 ノガンモドキ目

Cariamiformes | 1科2属2種 | 三前趾足

アカノガンモドキ

ハイイロノガンモドキ

　おもに南アメリカ大陸南東部に分布するノガンモドキ目は、アカノガンモドキとハイイロノガンモドキの2種からなるグループ。以前はツル目でしたが、ハヤブサ目とインコ目、スズメ目の近縁であることがDNA解析から明らかになりました。なわばりをもつ地上性の鳥で、通常は単独かペアで生活します。首と足が長く、頭部には房状の冠羽、指先には鋭いかぎ爪があります。また、飛翔力はあるものの飛ぶのはそれほど得意ではありません。あまり飛行しないためか、短く狭い翼になっています。危険を感じたときは走りますが、時速60kmの高速走行ができます。アカノガンモドキは全長66〜90cmで草原に生息。大型の昆虫やは虫類、鳥類、小型のほ乳類に加え、果実や種子なども食べています。

42 ハヤブサ目

Falconiformes

1科12属65種 三前趾足 チョウゲンボウ

ハヤブサ

チゴハヤブサ

　長年タカ目にふくまれていましたが、スズメ目やインコ目に近いなかまであることがわかったハヤブサ科。その12属65種がハヤブサ目となりました。ここにはハヤブサ類とカラカラ類、ワライハヤブサ類がふくまれます。先のとがった細い翼に、するどく曲がったくちばしとかぎ爪をもつ動物食の鳥で、猛禽類のイメージが強いハヤブサ類に対して、カラカラ類とワライハヤブサ類は少しちがうイメージの鳥たちです。

　アルゼンチンやチリに分布するカラカラ類は、小型のほ乳類や昆虫のほか、死んだ動物なども食べるいわゆるスカベンジャーの鳥です。一方、ワライハヤブサはその名のとおり、人間のわらい声のような警戒の音声を出します。こちらはもっぱらヘビを好んで食べます。

チョウゲンボウ

カンムリカラカラ

アカアシチョウゲンボウ

ワライハヤブサ

MEMO

猛禽っぽくない鳥たちも…

　ハヤブサ目の鳥の多くは、自分で巣はつくらず、岩場に卵を産んだり、他の鳥の古巣を利用したりします。これはタカ類も同じで、オオタカなどはカラスの巣をよく利用しています。これに対して、カラカラ類は巣をつくります。また、好奇心が強いと思われていたりと、カラカラとカラスは共通点が多いようです。

43 インコ目
Psittaciformes

ワカケホンセイインコ

4科100属408種 | 対趾足

オウム科 コバタン

　世界の熱帯域を中心に分布するインコ科、オウム科、ヨウム科、フクロウオウム科の4科からなるグループ。ものまねがうまく頭のいい鳥として定評があり、飼い鳥として人気の種も少なくありません。太く湾曲したくちばし、直立姿勢、短く力強い足とかぎ爪のある対趾足が特徴的な鳥たちです。系統として4科のうち最も関係が近いのはヨウム科とインコ科、次にこの2科とオウム科、そしてこの3科とフクロウオウム科となります。一般にインコとオウムのちがいとしては、外見ではオウムはからだが大きく冠羽があり、羽色は白や単色が多い、インコはカラフルで冠羽がないといったことなどがあります。なお、タカとワシ、フクロウとミミズクに分類的なちがいはありませんが、オウムとインコはちがいます。

ヨウム

ヨウム科
研究者によるノンフィクション『アレックスと私』などで認知能力の高さが注目を集めたヨウムや、インコのなかまでは最大級のコンゴウインコなどのグループ。

コンゴウインコ

フクロウオウム科
ともにニュージーランド固有種である、学習能力の高さで知られるミヤマオウム（ケア）と、飛べない鳥のフクロウオウム（カカポ）のなかまのグループ。

ミヤマオウム

インコ科

多彩な色の種もいますが、羽色は緑色が多く、部分的に他の色が入るというのが基本パターン。ホンセイインコの亜種は外来種として日本に定着しています。

ヒインコ

オオハナインコ

ゴシキセイガイインコ

コセイガイインコ

ワカケホンセイインコ

イチジクインコ

ハゴロモインコ

オウム科

足指で上手に食べものをつかんで食べる姿はインコ目ならでは。なおよく知られている話ではありますが、オカメインコはオウム科です。

オカメインコ

アカビタイムジオウム

ヤシオウム

テンジクバタン　モモイロインコ

44 スズメ目

Passeriformes

約140科6700種以上 ／ 三前趾足

スズメ

カザリドリ科 アンデスイワドリ

スズメ科 スズメ

　現生鳥類約1万1000種のうち6700種以上が属する鳥類最大のグループ。5600万年前ごろ、インコ類との共通祖先から分化したオセアニアが起源の系統で、さまざまな環境に適応して多彩に進化し、世界中に分布しています。ほぼ半数が小鳥類とよばれるからだが小さくよくさえずる鳥たちが中心の科で構成されています。よくさえずる鳥を鳴禽類といいますが、スズメ目は鳴くための器官を複雑に発達させた鳴禽類（スズメ亜目）と、それ以前の特徴をもつ亜鳴禽類（タイランチョウ亜目）の大きく2つに分かれます。鳴禽類は日本でもおなじみの鳥をふくむカラス上科とスズメ上科に分かれ、そこにまたいくつかのグループがあります。ここではその鳥たちの一部を紹介していきます。

■スズメ目にふくまれる科の例

　ＤＮＡ解析技術の進歩により、他のグループ以上に大きく様変わりしたスズメ目。長年同じ系統と考えられていたものがちがっていたりとこの30年で科数は３倍に。ここでは鳥の系統分類を考える上でポイントとなる科を中心に紹介します。

スズメ目	スズメ目祖先に近い鳥（イワサザイ亜目）	イワサザイ
	亜鳴禽類（タイランチョウ亜目）	ヒロハシ、マミヤイロチョウ、ヤイロチョウ マイコドリ、カザリドリ、タイランチョウ、アリサザイ、アリドリ、オタテドリ、オニキバシリ、カマドドリ
	鳴禽類（スズメ亜目）	**原始鳴禽類** クサムラドリ、コトドリ、キノボリ、ニワシドリ、オーストラリアムシクイ、ミツスイ、ホウセキドリ、オーストラリアマルハシ
		カラス上科 **カラスのなかま** シラヒゲドリ、オーストラリアゴジュウカラ モズヒタキ、コウライウグイス、サンショウクイ モリツバメ、ヤブモズ、ブタゲモズ、オオハシモズ、ヒメコノハドリ、メガネヒタキ オウギビタキ、カササギヒタキ、モズ、カンムリカケス、カラス、クロチメドリ フウチョウ、ホオダレムクドリ、パプアハナドリ
		スズメ上科 オーストラリアヒタキ、ハゲチメドリ
		ウグイスのなかま シジュウカラ、ツリスガラ、ヒバリ、ツバメ、セッカ、ヨシキリ、センニュウ、ヒヨドリ、メジロ、チメドリ、ソウシチョウ、ムシクイ、エナガ、ウグイス
		ヒタキ・レンジャクのなかま ヤシドリ、レンジャク、レンジャクモドキ、カワガラス、ヒタキ、ツグミ、ウシツツキ、ムクドリ マネシツグミ
		キバシリ・キクイタダキのなかま キクイタダキ、カベバシリ、ゴジュウカラ、キバシリ、ミソサザイ
		スズメのなかま オナガミツスイ、タイヨウチョウ、ハナドリ、コノハドリ、ルリコノハドリ、バライロマシコ、ハタオリドリ、テンニンチョウ、カエデチョウ、イワヒバリ、スズメ、セキレイ、アトリ、ホオジロ、ショウジョウコウカンチョウ、フウキンチョウ、ゴマフスズメ、アメリカムシクイ、オオアメリカムシクイ、ジフウキンチョウ、ズアカサザイ

スズメ目祖先に近い鳥

スズメ目の祖先に近いとされているのが、滅亡種をふくめても1科4種、現在はニュージーランドに1種が生息するイワサザイ。亜鳴禽類の祖先は5000万年前ごろ、このなかまから分化しました。

亜鳴禽類

3700万年前ごろ、海が一時的に陸地だった時期にオーストラレシアから新大陸に分散したといわれる亜鳴禽類。色鮮やかな鳥も多く見られます。

原始鳴禽類

鳴管の筋肉を発達させて最初に分化した鳴禽類は、オーストラリアの一部地域にいたコトドリ。適応分散で知られるミツスイもこのグループ。

ホウセキドリ科　キボシホウセキドリ
コトドリ科　コトドリ
キノボリ科　ノドジロキノボリ
ミツスイ科　ミクロネシアミツスイ
ニワシドリ科　ミミグロネコドリ
ミツスイ科　アオツラミツスイ
オーストラリアマルハシ科　オーストラリアマルハシ
オーストラリアムシクイ科　ムラサキオーストラリアムシクイ

鳴禽類 カラスのなかま

新大陸に向かった亜鳴禽類に対し、オーストラレシアで分化していった鳴禽類。ただカラス上科はわずかにユーラシア大陸やアフリカへの進出も。

シラヒゲドリ科 ムナグロシラヒゲドリ

モズヒタキ科 キバラモズヒタキ

コウライウグイス科 メガネコウライウグイス

モズ科 オグロオナガモズ

ヤブモズ科 アカハラヤブモズ

オオハシモズ科 ハシナガオオハシモズ

カササギヒタキ科 ツチスドリ

カササギヒタキ科 サンコウチョウ

カラス科 カンムリサンジャク
カラス科 ヤマムスメ
モリツバメ科 カササギフエガラス
フウチョウ科 アカミノフウチョウ
カラス科 カンムリカケス

スズメ上科の別系統の鳥たち

MEMO

鳴禽類にはカラス上科とスズメ上科、2つの大きなグループがあり、その中にまたいくつか系統があります。ここで紹介するのはスズメ上科で他に先んじて分化した鳥たちになります。

オーストラリアヒタキ科 キアシヒタキ
ハゲチメドリ科 ズアカハゲチメドリ
オーストラリアヒタキ科 ノドアカサンショクヒタキ

鳴禽類　ウグイスのなかま

日本三鳴鳥のウグイス、メジロにツバメとおなじみの鳥がふくまれるグループ。近年シジュウカラの地鳴きが言葉のような意味をもつことがわかり話題をよびました。

鳴禽類　ヒタキ・レンジャクのなかま

美しくさえずる鳥の多いヒタキのなかま。コマドリ、シキチョウ、ルリチョウなど約100種がツグミ科からヒタキ科に引っ越しました。レンジャクモドキは元レンジャク科。

レンジャク科　ヒメレンジャク

ツグミ科　ツグミ

レンジャクモドキ科　オナガレンジャクモドキ

カワガラス科　ムナジロカワガラス

ヒタキ科　オオルリチョウ

ムクドリ科　ムクドリ

MEMO
マネシツグミという鳥

ダーウィンが進化論を構想するきっかけのひとつとなったガラパゴスのマネシツグミ類（→p31）。中南米、北米に生息する別属のマネシツグミは、人工音もたくみに再現するモノマネ上手として有名です。

マネシツグミ科　マネシツグミ

鳴禽類　キバシリ・キクイタダキのなかま

キツツキのなかまのように尾羽でからだを支えて木の幹に並行にとまるキバシリ。その近縁のゴジュウカラは頭を下にして木の幹にとまれる唯一の鳥です。キクイタダキは高山の針葉樹で繁殖する、日本にいる最小の鳥。

カベバシリ科　カベバシリ

ウシツツキ科　アカハシウシツツキ

キバシリ科　タンシキバシリ

キクイタダキ科　キクイタダキ

ゴジュウカラ科　アカハシゴジュウカラ

ミソサザイ科　ミナミイエミソサザイ

鳴禽類
スズメのなかま

身近な鳥ではホオジロやアトリ、セキレイやタヒバリがいるこのグループ。一方で、タイヨウチョウやフウキンチョウなど収斂進化が見られる華やかな鳥もふくまれます。羽色の鮮やかな鳥は熱帯地域に多く見られます。

COLUMN

変わり続ける鳥のなかま&分類・系統

　適応放散で有名なダーウィンフィンチ（→p29）・ハワイミツスイ類・オオハシモズ類、特殊なディスプレイのフウチョウ類（→p31）、日本三鳴鳥のウグイス・オオルリ・コマドリなどなど、種の多様性を体現するスズメ目。このグループが多様である理由のひとつには、小さな鳥が多いということがあります。一般に小さな個体群のほうが生態的地位（ニッチ）が多様で、種数が多くなる傾向があるのです。生態的地位は、生態系内での居場所（地位）をめぐる競争に勝つか、たえぬいて得た地位のことです。種の多様性は異なる環境が多いほど増えますが、からだが小さいほど、大きなものではむずかしい環境のちがいを見つけ、進出できるということのようです。今後もこのグループをはじめとする鳥たちは、居場所を探しながら進化を続けていくのでしょう。

亜寒帯地方に分布、日本には冬鳥として少数が渡来するナキイスカに、かくれるのが上手なヤブヨシキリ。どちらも会えるとうれしいスズメ目の鳥です。

ナキイスカ　　ヤブヨシキリ

INDEX さくいん

和名	学名	英名	掲載p
ア			
アオアシカツオドリ	*Sula nebouxii*	Blue-footed Booby	32, 105
アオエリヤケイ	*Gallus varius*	Green Junglefowl	47
アオゲラ	*Picus awokera*	Japanese Green Woodpecker	42
アオサギ	*Ardea cinerea*	Grey Heron	110
アオツラミツスイ	*Entomyzon cyanotis*	Blue-faced Honeyeater	143
アオノドナキシャクケイ	*Pipile cumanensis*	Blue-throated Piping Guan	64
アオバズク	*Ninox japonica*	Northern Boobook	118
アオバネワライカワセミ	*Dacelo leachii*	Blue-winged Kookaburra	126
アカアシカツオドリ	*Sula sula*	Red-footed Booby	26, 32, 105
アカアシチョウゲンボウ	*Falco amurensis*	Amur Falcon	135
アカエリカイツブリ	*Podiceps grisegena*	Red-necked Grebe	87
アカエリシトド	*Zonotrichia capensis*	Rufous-collared Sparrow	150
アカオネッタイチョウ	*Phaethon rubricauda*	Red-tailed Tropicbird	32, 97
アカガオオオガシラ	*Bucco capensis*	Collared Puffbird	130
アカガネネズミドリ	*Urocolius indicus*	Red-faced Mousebird	120
アカカザリフウチョウ	*Paradisaea raggiana*	Raggiana Bird-of-paradise	31
アカゲラ	*Dendrocopos major*	Great Spotted Woodpecker	132
アカコッコ	*Turdus celaenop*	Izu Thrush	42
アカコブサイチョウ	*Rhyticeros cassidix*	Knobbed Hornbill	124
アカショウビン	*Halcyon coromanda*	Ruddy Kingfisher	1, 126
アカガンモドキ	*Cariama cristata*	Red-legged Seriema	133
アカハシウシツツキ	*Buphagus erythrorhynchus*	Red-billed Oxpecker	148
アカハシカザリキヌバドリ	*Pharomachrus pavoninus*	Pavonine Quetzal	122
アカハシゴジュウカラ	*Sitta oenochlamys*	Sulphur-billed Nuthatch	148
アカハシネッタイチョウ	*Phaethon aethereus*	Red-billed Tropicbird	97
アカバネラッパチョウ	*Psophia viridis*	Dark-winged Trumpeter	85
アカハラヤブモズ	*Laniarius barbarus*	Yellow-crowned Gonolek	144
アカヒゲ	*Larvivora komadori*	Ryukyu Robin	43
アカビタイムジオウム	*Cacatua sanguinea*	Little Corella	139
アカミノフウチョウ	*Diphyllodes respublica*	Wilson's Bird-of-paradise	145
アデリーペンギン	*Pygoscelis adeliae*	Adelie Penguin	5
アネハヅル	*Grus virgo*	Demoiselle Crane	36, 37, 83
アビ	*Gavia stellata*	Red-throated Loon	98
アブラヨタカ	*Steatornis caripensis*	Oilbird	67
アフリカオオノガン	*Ardeotis kori*	Kori Bustard	75
アフリカスナバシリ	*Cursorius temminckii*	Temminck's Courser	94
アフリカハゲコウ	*Leptoptilos crumenifer*	Marabou Stork	104
アフリカヘビウ	*Anhinga rufa*	African Darter	32, 106
アフリカヘラサギ	*Platalea alba*	African Spoonbill	6
アフリカレンカク	*Actophilornis africanus*	African Jacana	93
アマゾンカッコウ	*Guira guira*	Guira Cuckoo	77
アマツバメ	*Apus pacificus*	Pacific Swift	71, 72
アマミヤマシギ	*Scolopax mira*	Amami Woodcock	42, 45
アメリカオオコノハズク	*Megascops asio*	Eastern Screech Owl	119
アメリカグンカンドリ	*Fregata magnificens*	Magnificent Frigatebird	106
アメリカシロペリカン	*Pelecanus erythrorhynchos*	American White Pelican	109
アメリカソリハシセイタカシギ	*Recurvirostra americana*	American Avocet	92
アメリカヒレアシ	*Heliornis fulica*	Sungrebe	85
アメリカヘビウ	*Anhinga anhinga*	Anhinga	106
アメリカミヤコドリ	*Haematopus palliatus*	American Oystercatcher	91
アラビアフサエリショウノガン	*Chlamydotis macqueenii*	Arabian Houbara	75
アレチシギダチョウ	*Nothoprocta cinerascens*	Brushland Tinamou	58
アンデスイワドリ	*Rupicola peruvianus*	Andean Cock-of-the-rock	140
アンデスコンドル	*Vultur gryphus*	Andean Condor	113
アンデスフラミンゴ	*Phoenicoparrus andinus*	Andean Flamingo	89
イイジマムシクイ	*Phylloscopus ijimae*	Ijima's Leaf Warbler	45
イチジクインコ	*Cyclopsitta diophthalma*	Double-eyed Fig Parrot	138
イワサザイ	*Xenicus gilviventris*	New Zealand Rockwren	142
イワドリ	*Rupicola rupicola*	Guianan Cock-of-the-rock	142
インカアジサシ	*Larosterna inca*	Inca Tern	94
インドガン	*Anser indicus*	Bar-headed Goose	37
インドクジャク	*Pavo cristatus*	Indian Peafowl	1, 63
ウグイス	*Horornis diphone*	Japanese Bush Warbler	146
ウコッケイ (烏骨鶏)	*Gallus gallus domesticus*	Silky fowl	47
ウミウ	*Phalacrocorax capillatus*	Japanese Cormorant	32, 107
ウミガラス	*Uria aalge*	Common Murre	4
ウミスズメ	*Synthliboramphus antiquus*	Ancient Murrelet	5
エゾオオアカゲラ			45
エダハシゴキドリ	*Semnornis frantzii*	Prong-billed Barbet	131
エトピリカ	*Fratercula cirrhata*	Tufted Puffin	94
エナガ	*Aegithalos caudatus*	Long-tailed Tit	23
エミュー	*Dromaius novaehollandiae*	Emu	57
エリマキシギ	*Calidris pugnax*	Ruff	93
オウギバト	*Goura victoria*	Victoria Crowned Pigeon	81
オウサマペンギン	*Aptenodytes patagonicus*	King penguin	1, 99
オオアカゲラ	*Dendrocopos leucotos*	White-backed Woodpecker	26, 45
オオオニカッコウ	*Scythrops novaehollandiae*	Channel-billed Cuckoo	77
オオガラパゴスフィンチ	*Geospiza magnirostris*	Large Ground Finch	29
オオグンカンドリ	*Fregata minor*	Great Frigatebird	32, 106
オオコノハドリ	*Chloropsis sonnerati*	Greater Green Leafbird	149
オオサイチョウ	*Buceros bicornis*	Great Hornbill	123
オオシロハラミズナギドリ	*Pterodroma externa*	Juan Fernández Petrel	103
オオクロヨタカ	*Aegotheles insignis*	Feline Owlet-nightjar	70
オーストラリアイシチドリ	*Burhinus grallarius*	Bush Stone-curlew	92
オーストラリアガマグチヨタカ	*Podargus strigoides*	Tawny Frogmouth	69
オーストラリアマルハシ	*Pomatostomus temporalis*	Grey-crowned Babbler	143
オーストンオオアカゲラ			45
オオセッカ	*Helopsaltes pryeri*	Marsh Grassbird	146
オオソリハシシギ	*Limosa lapponica*	Bar-tailed Godwit	36
オオダーウィンフィンチ	*Camarhynchus psittacula*	Large Tree Finch	29
オオタチヨタカ	*Nyctibius grandis*	Great Potoo	68
オオハクチョウ	*Cygnus cygnus*	Whooper Swan	61
オオハシゴシキドリ	*Semnornis ramphastinus*	Toucan Barbet	131
オオハナインコ	*Eclectus roratus*	Moluccan Eclectus	1, 138
オオバン	*Fulica atra*	Eurasian Coot	26, 84
オオブッポウソウ	*Leptosomus discolor*	Cuckoo-roller	121
オオフナガモ	*Tachyeres pteneres*	Fuegian Steamer Duck	35
オオフラミンゴ	*Phoenicopterus roseus*	Greater Flamingo	88, 89
オオミチバシリ	*Geococcyx califomianus*	Great Roadrunner	77
オオルリチョウ	*Myophonus caeruleus*	Blue Whistling Thrush	147
オオワシ	*Haliaeetus pelagicus*	Steller's Sea Eagle	112
オガサワラカワラヒワ	*Chloris kittlitzi*	Bonin Greenfinch	43
オカメインコ	*Nymphicus hollandicus*	Cockatiel	139
オグロオナガモズ	*Lanius cabanisi*	Long-tailed Fiscal	144
オシドリ	*Aix galericulata*	Mandarin Duck	1, 60
オナガカエデチョウ	*Estrilda astrild*	Common Waxbill	150
オナガサイホウチョウ	*Orthotomus sutorius*	Common Tailorbird	146
オナガジブッポウソウ	*Uratelornis chimaera*	Long-tailed Ground Roller	127
オナガドリ (尾長鶏)	*Gallus gallus domesticus*	Onagadori	47

本書に登場する鳥の名前（和名）を50音順に並べ、その学名と英名、写真が掲載されているページを紹介しています。

※カケス、オオアカゲラの亜種の英名・学名は省略。そのほかの亜種は種の英名・学名を掲載。

和名	学名	英名	掲載p
オナガヒロハシ	Psarisomus dalhousiae	Long-tailed Broadbill	142
オナガレンジャクモドキ	Ptiliogonys caudatus	Long-tailed Silky-flycatcher	147
オニオオハシ	Ramphastos toco	Toco Toucan	131
オニカッコウ	Eudynamys orientalis	Eastern Koel	77
オビハシカイツブリ	Podilymbus gigas	Atitlan Grebe	87
オリイヤマガラ	Sittiparus olivaceus	Iriomote Tit	43
カ			
カイツブリ	Tachybaptus ruficollis	Little Grebe	87
カオグロサヤハシチドリ	Chionis minor	Black-faced Sheathbill	92
カオグロノスリ	Leucopternis melanops	Black-faced Hawk	114
カグー	Rhynochetos jubatus	Kagu	96
カケス	Garrulus glandarius	Eurasian Jay	44
カササギガン	Anseranas semipalmata	Magpie Goose	61
カササギフエガラス	Gymnorhina tibicen	Australian Magpie	145
カザリキヌバネドリ	Pharomachrus mocinno	Resplendent Quetzal	122
カタアカチドリ	Charadrius melanops	Black-fronted Dotterel	91
カツオドリ	Sula leucogaster	Brown Booby	105
カッコウ	Cuculus canorus	Common Cuckoo	77
カツラチャボ (桂絨鶏)	Gallus gallus domesticus	Japanese bantam (katsura)	47
カナダガン	Branta canadensis	Canada Goose	61
カナダヅル	Antigone canadensis	Sandhill Crane	82
カベバシリ	Tichodroma muraria	Wallcreeper	148
カヤクグリ	Prunella rubida	Japanese Accentor	43, 150
ガラパゴスコバネウ	Nannopterum harrisi	Flightless Cormorant	107
ガラパゴスフィンチ	Geospiza fortis	Medium Ground Finch	29
ガラパゴスペンギン	Spheniscus mendiculus	Galapagos Penguin	99
ガラパゴスマネシツグミ	Mimus parvulus	Galapagos Mockingbird	31
カラフトフクロウ	Strix nebulosa	Great Grey Owl	119
カワアイサ	Mergus merganser	Goosander	62
カワウ	Phalacrocorax carbo	Great Cormorant	32, 107
カワセミ	Alcedo atthis	Common Kingfisher	125
カワラバト (ドバト)	Columba livia	Rock Dove	48, 80
カンムリエボシドリ	Corythaeola cristata	Great Blue Turaco	74
カンムリカケス	Platylophus galericulatus	Crested Jayshrike	145
カンムリカラカラ	Caracara plancus	Crested Caracara	135
カンムリサケビドリ	Chauna torquata	Southern Screamer	61
カンムリサンジャク	Cyanocorax formosus	White-throated Magpie-Jay	145
カンムリジカッコウ	Coua cristate	Crested Coua	77
カンムリシギダチョウ	Eudromia elegans	Elegant Crested Tinamou	58
カンムリシャクケイ	Penelope purpurascens	Crested Guan	64
カンムリセイラン	Rheinardia ocellata	Crested Argus	65
カンムリヅル	Balearica pavonina	Black Crowned Crane	82
カンムリワシ	Spilornis cheela	Crested Serpent Eagle	114
キアシヒタキ	Tregellasia capito	Pale-yellow Robin	145
キイロアメリカムシクイ	Setophaga petechia	Mangrove Warbler	150
キクイタダキ	Regulus regulus	Goldcrest	148
キジ	Phasianus versicolor	Green Pheasant	43, 63
キジバト	Streptopelia orientalis	Oriental Turtle Dove	77
キタイワトビペンギン	Eudyptes moseleyi	Northern Rockhopper Penguin	100
キタホオジロガモ	Bucephala islandica	Barrow's Goldeneye	62
キツツキフィンチ	Woodpecker Finch	Camarhynchus pallidus	29
ギニアエボシドリ	Tauraco persa	Guinea Turaco	74
キドキキヌバネドリ	Apalharpactes reinwardtii	Javan Trogon	122
キバオオタイランチョウ	Pitangus sulphuratus	Great Kiskadee	142
キバラタイヨウチョウ	Cinnyris jugularis	Garden Sunbird	3, 149

和名	学名	英名	掲載p
キバラモズヒタキ	Pachycephala pectoralis	Australian Golden Whistler	144
キホオカンムリガラ	Machlolophus xanthogenys	Himalayan Black-lored Tit	146
キオオゴシキドリ	Psilopogon chrysopogon	Golden-whiskered Barbet	131
キボシホウセキドリ	Pardalotus striatus	Striated Pardalote	143
キモモマイコドリ	Ceratopipra mentalis	Red-capped Manakin	142
ギンカモメ	Chroicocephalus novaehollandiae	Silver Gull	95
キンメペンギン	Megadyptes antipodes	Yellow-eyed Penguin	100
クイナ	Rallus indicus	Brown-cheeked Rail	84
クジャクバト	Columba livia	Fantail Pigeon	48
クビワミツウズラ	Pedionomus torquatus	Plains-wanderer	86
クマゲラ	Dryocopus martius	Black Woodpecker	132
クマタカ	Nisaetus nipalensis	Mountain Hawk-Eagle	115
クリムネサケイ	Pterocles namaqua	Namaqua Sandgrouse	79
クロアシアホウドリ	Phoebastria nigripes	Black-footed Albatross	102
クロオビフクロウ	Strix huhula	Black-banded Owl	119
ケープハタオリ	Ploceus capensis	Cape Weaver	149
ケープペンギン	Spheniscus demersus	African Penguin	34, 101
ケワタガモ	Somateria spectabilis	King Eider	62
コアシナガウミツバメ	Oceanites gracilis	Elliot's Storm Petrel	103
ゴイサギ	Nycticorax nycticorax	Black-crowned Night Heron	110
コウカンチョウ	Paroaria coronata	Red-crested Cardinal	150
コウテイペンギン	Aptenodytes forsteri	Emperor Penguin	100
コウロコフウチョウ	Ptiloris victoriae	Victoria's Riflebird	31
コガタペンギン	Eudyptula minor	Little Penguin	99
コガラパゴスフィンチ	Geospiza fuliginosa	Small Ground Finch	29
コキンメフクロウ	Athene noctua	Little Owl	118
コグンカンドリ	Fregata ariel	Lesser Frigatebird	32
コゲラ	Yungipicus kizuki	Japanese Pygmy Woodpecker	132
ゴシキセイガインコ	Trichoglossus haematodus	Coconut Lorikeet	138
コシグロペリカン	Pelecanus conspicillatus	Australian Pelican	109
コシジロウミツバメ	Hydrobates leucorhoa	Leach's Storm-petrel	103
コセイガインコ	Trichoglossus chlorolepidotus	Scaly-breasted Lorikeet	138
コダーウィンフィンチ	Camarhynchus parvulus	Small Tree Finch	29
コトドリ	Menura novaehollandiae	Superb Lyrebird	143
コバシフラミンゴ	Phoenicoparrus jamesi	James's Flamingo	89
コバタン	Cacatua sulphurea	Yellow-crested Cockatoo	136
コヒクイドリ	Casuarius bennetti	Dwarf Cassowary	57
コヒバリチドリ	Thinocorus rumicivorus	Least Seedsnipe	93
コフラミンゴ	Phoeniconaias minor	Lesser Flamingo	89
コマダラキーウィ	Apteryx owenii	Little Spotted Kiwi	56
コンゴウインコ	Ara macao	Scarlet Macaw	137
サ			
サイチョウ	Buceros rhinoceros	Rhinoceros Hornbill	123
サボテンフィンチ	Geospiza scandens	Common Cactus Finch	29
サンコウチョウ	Terpsiphone atrocaudata	Black Paradise Flycatcher	1, 144
サンショクキムネオオハシ	Ramphastos sulfuratus	Keel-billed Toucan	131
ジェンツーペンギン	Pygoscelis papua	Gentoo Penguin	100
シマエナガ	Aegithalos caudatus	Long-tailed Tit	36
ジブッポウソウ	Brachypteracias leptosomus	Short-legged Ground Roller	127
シベリアアオジ	Emberiza spodocephala	Black-faced Bunting	38
シボリスキンゴシキドリ	Capito maculicoronatus	Spot-crowned Barbet	131
シマガシラオキバシリ	Lepidocolaptes souleyetii	Streak-headed Woodcreeper	142
シマシャコ	Francolinus pondicerianus	Grey Francolin	64
シマハッカン	Lophura diardi	Siamese Fireback	65
シマフクロウ	Ketupa blakistoni	Blakiston's Fish Owl	117

和名	学名	英名	掲載p
シマヤイロチョウ	*Hydrornis elliotii*	Bar-bellied Pitta	142
シャカイハタオリ	*Philetairus socius*	Sociable Weaver	150
ジャコビン	*Columba livia*	Jacobin pigeon	48
ジャノメドリ	*Eurypyga helias*	Sunbittern	96
ジュウイチ	*Hierococcyx hyperythrus*	Northern Hawk-Cuckoo	76
シュバシコウ	*Ciconia ciconia*	White Stork	104
シュモクドリ	*Scopus umbretta*	Hamerkop	109
ショウキバト	*Geophaps plumifera*	Spinifex Pigeon	81
ショウジョウコウカンチョウ	*Cardinalis cardinalis*	Northern Cardinal	150
ショウジョウトキ	*Eudocimus ruber*	Scarlet Ibis	109
シラオネッタイチョウ	*Phaethon lepturus*	White-tailed Tropicbird	97
シラオラケットカワセミ	*Tanysiptera sylvia*	Buff-breasted Paradise Kingfisher	126
シラコバト	*Streptopelia decaocto*	Eurasian Collared Dove	80
シラヒゲウミスズメ	*Aethia pygmaea*	Whiskered Auklet	94
シラヒゲカンムリアマツバメ	*Hemiprocne mystacea*	Moustached Treeswift	73
シロアジサシ	*Gygis alba*	White Tern	95
シロエリオオハム	*Gavia pacifica*	Pacific Loon	98
シロカツオドリ	*Morus bassanus*	Northern Gannet	105
シロキツツキ	*Melanerpes candidus*	White Woodpecker	132
シロクロサイチョウ	*Berenicornis comatus*	White-crowned Hornbill	124
シロハラクイナ	*Amaurornis phoenicurus*	White-breasted Waterhen	84
シロハラコビトウ	*Microcarbo melanoleucos*	Little Pied Cormorant	107
シロハラサケイ	*Pterocles alchata*	Pin-tailed Sandgrouse	79
シロハラトウゾクカモメ	*Stercorarius longicaudus*	Long-tailed Jaeger	95
シロフクロウ	*Bubo scandiacus*	Snowy Owl	118
ズアカカンムリウズラ	*Callipepla gambelii*	Gambel's Quail	64
ズアカゴシキドリ	*Eubucco bourcierii*	Red-headed Barbet	129
ズアカサイホウチョウ	*Orthotomus sericeus*	Rufous-tailed Tailorbird	146
ズアカショウビン	*Todiramphus cinnamominus*	Guam Kingfisher	126
ズアカハゲチメドリ	*Picathartes oreas*	Grey-necked Rockfowl	145
ズグロサカゲリ	*Vanellus miles*	Masked Lapwing	92
スズメ	*Passer montanus*	Eurasian Tree Sparrow	140
スズメフクロウ	*Glaucidium passerinum*	Eurasian Pygmy Owl	118
セイタカコウ	*Ephippiorhynchus asiaticus*	Black-necked Stork	104
セイロンヤケイ	*Gallus lafayetii*	Sri Lanka Junglefowl	47
セキショクヤケイ	*Gallus gallus*	Red Junglefowl	47
セグロセキレイ	*Motacilla grandis*	Japanese Wagtail	43
セネガルショウノガン	*Eupodotis senegalensis*	White-bellied Bustard	75
センダイムシクイ	*Phylloscopus coronatus*	Eastern Crowned Warbler	45
ソデグロヅル	*Leucogeranus leucogeranus*	Siberian Crane	83
ソマリダチョウ	*Struthio molybdophanes*	Somali Ostrich	54
ソライロフウキンチョウ	*Thraupis episcopus*	Blue-grey Tanager	150
タ			
ダーウィンレア	*Rhea pennata*	Lesser Rhea	55
ダイサギ	*Ardea alba*	Great Egret	110
タイワンカケス			44
タカヘ	*Porphyrio hochstetteri*	South Island Takahe	35
タシギ	*Gallinago gallinago*	Common Snipe	93
ダチョウ	*Struthio camelus*	Common Ostrich	1, 25, 34, 54
タマシギ	*Rostratula benghalensis*	Greater Painted-snipe	93
タラマンカハチドリ	*Eugenes spectabilis*	Talamanca Hummingbird	73
タンシキバシリ	*Certhia brachydactyla*	Short-toed Treecreeper	148
タンチョウ	*Grus japonensis*	Red-crowned Crane	83
チゴハヤブサ	*Falco subbuteo*	Eurasian Hobby	134
チャムネマネシツグミ	*Mimus melanotis*	San Cristobal Mockingbird	31
チャバラサケイ	*Pterocles exustus*	Chestnut-bellied Sandgrouse	79
チャバラテンニョゲラ	*Celeus elegans*	Chestnut Woodpecker	132
チュウヒ	*Circus spilonotus*	Eastern Marsh Harrier	39
チョウゲンボウ	*Falco tinnunculus*	Common Kestrel	135
チョウセンウグイス	*Horornis canturians*	Manchurian Bush Warbler	38

和名	学名	英名	掲載p
チリーフラミンゴ	*Phoenicopterus chilensis*	Chilean Flamingo	89
ツグミ	*Turdus eunomus*	Dusky Thrush	147
ツチスドリ	*Grallina cyanoleuca*	Magpie-lark	144
ツツドリ	*Cuculus optatus*	Oriental Cuckoo	76
ツノシャクケイ	*Oreophasis derbianus*	Horned Guan	64
ツノメドリ	*Fratercula corniculata*	Horned Puffin	94
ツバメ	*Hirundo rustica*	Barn Swallow	8, 146
ツバメチドリ	*Glareola maldivarum*	Oriental Pratincole	9
ツバメトビ	*Elanoides forficatus*	Swallow-tailed Kite	8
ツメバケイ	*Opisthocomus hoazin*	Hoatzin	1, 111
ツルモドキ	*Aramus guarauna*	Limpkin	85
テンジクバタン	*Cacatua tenuirostris*	Long-billed Corella	139
テンニンチョウ	*Vidua macroura*	Pin-tailed Whydah	149
トウゾクカモメ	*Stercorarius pomarinus*	Pomarine Jaeger	94
トキ	*Nipponia nippon*	Crested Ibis	1, 109
トキイロコンドル	*Sarcoramphus papa*	King Vulture	113
トキハシゲリ	*Ibidorhyncha struthersii*	Ibisbill	92
トビ	*Milvus migrans*	Black Kite	115
トビイロガモ	*Tachyeres patachonicus*	Flying Steamer Duck	35
トラツグミ	*Zoothera aurea*	White's Thrush	45
トラフズク	*Asio otus*	Long-eared Owl	118
ナ			
ナイルチドリ	*Pluvianus aegyptius*	Egyptian Plover	92
ナキイスカ	*Loxia leucoptera*	Two-barred Crossbill	151
ナベコウヅル (ナベヅル×クロヅル)	*Grus monacha × Grus grus*	Hybrid of Hooded and Common Crane	48
ナベヅル	*Grus monacha*	Hooded Crane	83
ニシイワツバメ	*Delichon urbicum*	Western House Martin	8
ニシツノメドリ	*Fratercula arctica*	Atlantic Puffin	94
ニシブッポウソウ	*Coracias garrulus*	European Roller	128
ニシムラサキエボシドリ	*Musophaga violacea*	Violet Turaco	74
ニセメンフクロウ	*Phodilus badius*	Oriental Bay Owl	116
ニュージーランドアホウドリ	*Thalassarche bulleri*	Buller's Albatross	102
ニワトリ(白色レグホーン)	*Gallus gallus domesticus*	White Leghorn	34
ノガン	*Otis tarda*	Great Busterd	75
ノグチゲラ	*Dendrocopos noguchii*	Okinawa Woodpecker	42, 45
ノドアカサンショクヒタキ	*Petroica phoenicea*	Flame Robin	145
ノドジロキノボリ	*Cormobates leucophaea*	White-throated Treecreeper	143
ノドジロクロミズナギドリ	*Procellaria aequinoctialis*	White-chinned Petrel	103
ハ			
ハイイロノガンモドキ	*Chunga burmeisteri*	Black-legged Seriema	133
ハイイロヒレアシシギ	*Phalaropus fulicarius*	Red Phalarope	90
ハイロヤケイ	*Gallus sonneratii*	Grey Junglefowl	47
ハクセキレイ	*Motacilla alba*	White Wagtail	149
ハクトウワシ	*Haliaeetus leucocephalus*	Bald Eagle	112
ハゴロモインコ	*Aprosmictus erythropterus*	Red-winged Parrot	138
ハゴロモヅル	*Grus paradisea*	Blue Crane	40
ハシナガオオハシモズ	*Falculea palliata*	Sickle-billed Vanga	30, 144
ハシビロガモ	*Spatula clypeata*	Northern Shoveler	7
ハシビロコウ	*Balaeniceps rex*	Shoebill	1, 109
ハシブトコビトドリ	*Todus subulatus*	Broad-billed Tody	127
ハシブトダーウィンフィンチ	*Platyspiza crassirostris*	Vegetarian Finch	29
ハシボソガラス	*Corvus corone*	Carrion Crow	25
ハジロカイツブリ	*Podiceps nigricollis*	Black-necked Grebe	87
バタゴニアクワガタドリ	*Cinclodes patagonicus*	Dark-bellied Cinclodes	142
ハチクイ	*Merops philippinus*	Rainbow Bee-eater	128
ハチイモドキ	*Momotus lessonii*	Lesson's Motmot	128
ハチクマ	*Pernis ptilorhynchus*	Crested Honey Buzzard	115
ハジロツグミ	*Turdus naumanni*	Naumann's Thrush	147
パプアガマグチヨタカ	*Podargus papuensis*	Papuan Frogmouth	69

和名	学名	英名	掲載p
パプアヒクイドリ	Casuarius unappendiculatus	Northern Cassowary	57
ハヤブサ	Falco peregrinus	Peregrine Falcon	1, 10, 134
ハリオアマツバメ	Hirundapus caudacutus	White-throated Needletailed Swift	72
ハルマヘラズクヨタカ	Aegotheles crinifrons	Moluccan Owlet-nightjar	70
バン	Gallinula chloropus	Common Moorhen	84
ヒインコ	Eos bornea	Red Lory	138
ヒクイドリ	Casuarius casuarius	Southern Cassowary	57
ヒドリガモ	Mareca penelope	Eurasian Wigeon	62
ヒドリハチドリ	Panterpe insignis	Fiery-throated Hummingbird	1
ヒバリ	Alauda arvensis	Eurasian Skylark	146
ヒメアマツバメ	Apus nipalensis	House Swift	9, 71
ヒメクジラドリ	Pachyptila turtur	Fairy Prion	103
ヒメレンジャク	Bombycilla cedrorum	Cedar Waxwing	147
ヒヨドリ	Hypsipetes amaurotis	Brown-eared Bulbul	146
ヒロハシサギ	Cochlearius cochlearius	Boat-billed Heron	110
フィリピンワシ	Pithecophaga jefferyi	Philippine Eagle	113
フエフキサギ	Syrigma sibilatrix	Whistling Heron	110
フクロウ	Strix uralensis	Ural Owl	117
フサホロホロチョウ	Acryllium vulturinum	Vulturine Guineafowl	65
フタツバシゴシキドリ	Pogonornis bidentatus	Double-toothed Barbet	130
ブッポウソウ	Eurystomus orientalis	Oriental Dollarbird	128
フナガモ	Tachyeres brachypterus	Falkland Steamer Duck	35
フルマカモメ	Fulmarus glacialis	Northern Fulmar	103
フンボルトペンギン	Spheniscus humboldti	Humboldt Penguin	100
ベニイロフラミンゴ	Phoenicopterus ruber	American Flamingo	88, 89
ベニガシラヒメアオバト	Ptilinopus porphyreus	Pink-headed Fruit Dove	81
ベニハシガモ	Netta peposaca	Rosy-billed Pochard	62
ベニハワイミツスイ	Drepanis coccinea	Iiwi	3
ベニヘラサギ	Platalea ajaja	Roseate Spoonbill	6
ヘビクイワシ	Sagittarius serpentarius	Secretarybird	113
ヘラサギ	Platalea leucorodia	Eurasian Spoonbill	6
ヘラシギ	Calidris pygmaea	Spoon-billed Sandpiper	7
ヘルメットモズ	Euryceros prevostii	Helmet Vanga	30
ホオカザリヅル	Grus carunculata	Wattled Crane	83
ホオグロヒゲラ	Melanerpes pucherani	Black-cheeked Woodpecker	132
ホオジロエボシドリ	Tauraco leucotis	White-cheeked Turaco	74
ホトトギス	Cuculus poliocephalus	Asian Lesser Cuckoo	76
ホロホロチョウ	Numida meleagris	Guinea Fowl	65
ホントウアカヒゲ	Larvivora namiyei	Okinawa Robin	43

和名	学名	英名	掲載p
マイヒメバト	Reinwardtoena reinwardti	Great Cuckoo-Dove	81
マガモ	Anas platyrhynchos	Mallard	60
マカロニペンギン	Eudyptes chrysolophus	Macaroni Penguin	100
マダラシロカモメ	Leucophaeus scoresbii	Dolphin Gull	91
マダガスカルシマクイナ	Sarothrura insularis	Madagascar Flufftail	85
マダガスカルトキ	Lophotibis cristata	Madagascar Ibis	109
マダガスカルリバト	Alectroenas madagascariensis	Madagascar Blue Pigeon	81
マダラチュウヒ	Circus melanoleucos	Pied Harrier	115
マダラハゲワシ	Gyps rueppelli	Rüppell's Vulture	112
マナヅル	Antigone vipio	White-naped Crane	1
マネシツグミ	Mimus polyglottos	Northern Mockingbird	147
マミジロバンケン	Centropus superciliosus	White-browed Coucal	77
マレーミツオシエ	Indicator archipelagicus	Malaysian Honeyguide	130
マレーワシミミズク	Ketupa sumatrana	Barred Eagle-Owl	119
ミクロネシアミツスイ	Myzomela rubratra	Micronesian Myzomela	143
ミサゴ	Pandion haliaetus	Osprey	11, 113
ミツユビキリハシ	Jacamaralcyon tridactyla	Three-toed Jacamar	130
ミドリハチドリ	Colibri thalassinus	Mexican Violetear	2
ミドリボウシテリハチドリ	Heliodoxa jacula	Green-crowned Brilliant	73
ミドリモリヤツガシラ	Phoeniculus purpureus	Green Wood Hoopoe	124

和名	学名	英名	掲載p
ミナミエミソサザイ	Troglodytes musculus	Southern House Wren	148
ミナミイワトビペンギン	Eudyptes chrysocome	Southern Rockhopper Penguin	100
ミナミジサイチョウ	Bucorvus leadbeateri	Southern Ground-hornbill	124
ミナミトラツグミ	Zoothera dauma	Scaly Thrush	38, 45
ミフウズラ	Turnix suscitator	Barred Buttonquail	22, 91
ミミグロネコドリ	Ailuroedus melanotis	Black-eared Catbird	143
ミヤマオウム	Nestor notabilis	Kea	137
ミヤマカケス			44
ミユビシギ	Calidris alba	Sanderling	93
ムクドリ	Spodiopsar cineraceus	White-cheeked Starling	147
ムナグロシラヒゲドリ	Psophodes olivaceus	Eastern Whipbird	144
ムナジロカワガラス	Cinclus cinclus	White-throated Dipper	147
ムナジロクイナモドキ	Mesitornis variegate	White-breasted Mesite	78
ムラサキオーストラリアムシクイ	Malurus splendens	Splendid Fairywren	143
メガネコウライウグイス	Sphecotheres vieilloti	Australasian Figbird	144
メグロ	Apalopteron familiare	Bonin White-eye	42
メジロ	Zosterops japonicus	Warbling White-eye	46, 146
メスアカクイナモドキ	Monias benschi	Subdesert Mesite	78
メンフクロウ	Tyto alba	Western Barn Owl	116
モモイロインコ	Eolophus roseicapilla	Galah	139
モモイロペリカン	Pelecanus onocrotalus	Great White Pelican	32, 108
モンク	Columba livia	Monk Pigeon	48

ヤ			
ヤイロチョウ	Pitta nympha	Fairy Pitta	142
ヤシオウム	Probosciger aterrimus	Palm Cockatoo	139
ヤシハゲワシ	Gypohierax angolensis	Palm-nut Vulture	139
ヤツガシラ	Upupa epops	Eurasian Hoopoe	124
ヤドリギハナドリ	Dicaeum hirundinaceum	Mistletoebird	149
ヤブツカツクリ	Alectura lathami	Australian Brush-turkey	64
ヤブヨシキリ	Acrocephalus dumetorum	Blyth's Reed Warbler	151
ヤマゲラ	Picus canus	Grey-headed Woodpecker	132
ヤマシギ	Scolopax rusticola	Eurasian Woodcock	45
ヤマショウビン	Halcyon pileata	Black-capped Kingfisher	26
ヤマセミ	Megaceryle lugubris	Crested Kingfisher	125
ヤマドリ	Syrmaticus soemmerringii	Copper Pheasant	42
ヤマムスメ	Urocissa caerulea	Taiwan Blue Magpie	145
ヤンバルクイナ	Hypotaenidia okinawae	Okinawa Rail	34, 42
ユキホオジロ	Plectrophenax nivalis	Snow Bunting	150
ヨウム	Psittacus erithacus	Grey Parrot	137
ヨーロッパアマツバメ	Apus apus	Common Swift	9
ヨーロッパカケス			44
ヨタカ	Caprimulgus indicus	Grey Nightjar	66, 71

ラ			
ライチョウ	Lagopus muta	Rock Ptarmigan	63
ラッパチョウ	Psophia crepitans	Grey-winged Trumpeter	85
リュウキュウガモ	Dendrocygna javanica	Lesser Whistling-duck	62
リュウキュウキビタキ	Ficedula owstoni	Ryukyu Flycatcher	43
リュウキュウサンショウクイ	Pericrocotus tegimae	Ryukyu Minivet	43
ルリイロマダガスカルモズ	Cyanolanius madagascarinus	Madagascar Blue Vanga	30
ルリカケス	Garrulus lidthi	Lidth's Jay	42, 44
ルリコノハドリ	Irena puella	Asian Fairy-bluebird	149
ルリミツドリ	Cyanerpes cyaneus	Red-legged Honeycreeper	3
レア	Rhea americana	Greater Rhea	55
ロウバシガン	Cereopsis novaehollandiae	Cape Barren Goose	62
ワシミミズク	Bubo bubo	Eurasian Eagle-Owl	117

ワ			
ワケホンセイインコ	Psittacula krameri	Rose-ringed Parakeet	138
ワタリアホウドリ	Diomedea exulans	Wandering Albatross	102
ワライハヤブサ	Herpetotheres cachinnans	Laughing Falcon	135

155

写真協力（50音・アルファベット順）

イメージマート■クリムネサケイ（p79）、シロハラサケイ（**p79**）

入江正己■アマツバメ（p72）、チョウゲンボウ（p135）

大野胖■アカゲラ（カバー , p132）、フクロウ（カバー , p117）、トモエガモ（表紙）、ワシカモメ（カバー）、ヘラシギ（p7）、ミフウズラ（p22左・右）、アカアシカツオドリ（p26）、オオアカゲラ（p26）、ヤマショウビン（p26）、アカコッコ（p42）、ノグチゲラ（p42）、ヤンバルクイナ（p42）、リュウキュウキビタキ（p42）、オーストンオオアカゲラ（p45）、エゾオオアカゲラ（p45）、カナダガン（p61）、カワアイサ（p62）、キタホオジロガモ（p62）、ジュウイチ（p76）、ホトトギス（p76）、カッコウ（p77）、シラコバト（p80）、シロハラクイナ（p84）、カイツブリ（p87）、アカオネッタイチョウ（p97）、シラオネッタイチョウ（p97）、アカアシカツオドリ（p105）、ウミウ（p107上・下）、ハクトウワシ（p112）、シロフクロウ（p118上）、コゲラ（p132）、ヤマゲラ（p132）、アカアシチョウゲンボウ（p135）、ヤイロチョウ（p142）、ミクロネシアミツスイ（p143）、ユキホオジロ（p150）、ナキイスカ（p151）、ヤブヨシキリ（p151）

小林雅裕（SeaBeans）■オリイヤマガラ（p42）

高橋泉■チュウヒ（p39右）、オオアカゲラ（p45）、ノグチゲラ（p45）、ハイイロヒレアシシギ（p90右）、エトピリカ（p94）、トキ（p109）、ハチクマ（p115）

野口好博■チュウヒ（帯, p39左）、ウミガラス（p4上・下）、ウミスズメ（p5下）、ヘラサギ（p6）、ミサゴ（p11）、シベリアアオジ（p38）、ハチジョウツグミ（p38）、アマミヤマシギ（p45）、トラツグミ（p45）、ミナミトラツグミ（p45）、ヤマシギ（p45）、オオハクチョウ（p61）、アマツバメ（p71）、ハリオアマツバメ（p72）、ツツドリ（p76）、タンチョウ（p83）、バン（p84）、ハジロカイツブリ（p87）、ハイイロヒレアシシギ（p90左）、タマシギ（p22左・右）、シラヒゲウミスズメ（p94）、クロアシアホウドリ（p102）、ゴイサギ（ホシゴイ）（p110左）、クマタカ（p115）、トビ（p115）、マダラチュウヒ（p115）、シマフクロウ（p117）、トラフズク（p118）、ブッポウソウ（p128）、クマゲラ（p132）、チゴハヤブサ（p134）

三島薫■カルガモ（カバー）、タヒバリ（帯）、エナガ（p23）、ハマシギ（p24）、ハシボソガラス（p25）、オオバン（p26）、アオゲラ（p42）、メジロ（p46）、スズメ（p51, p140）、ヒドリガモ（p62）、キジ（p63）、カナダヅル（p82）、ナベヅル（p83）、オオバン（p84）、タシギ（p93）、ミユビシギ（p93）、ゴイサギ（p110）、

ダイサギ（p110）、ミサゴ（p113）、ヤマセミ（p125）、ウグイス（p146）、ツバメ（p146）、ヒバリ（p146）、ヒヨドリ（p146）

iStock.com■AndreAnita：コンゴウインコ（カバー , p137）、Adam Bartosik：シュモクドリ（p109）、Andyworks：ヨーロッパコマドリ（帯）、Aoosthuizen：アカガオネズミドリ（p120）、Armelle LLobet：アンデスコンドル（p113上）、Banu R：コウロコフウチョウ（p31左）、ca2hill：ハヤブサ（p1, 134）、Catalin Daniel Ciolca：モモイロペリカン（p51）、ChristianWilkinson：アデリーペンギン（p5下）、Denja1：シュバシコウ（p104）、ePhotocorp：リュウキュウガモ（p62）、feathercollector：ウミスズメ（p5上）・アカカザリフウチョウ（p31）・カツオドリ（p105）、fluffandshutter：コガタペンギン（p99）、Frank Fichtmüller：アビ（p98）・キンメペンギン（p100）・スズメフクロウ（p118）、gallinago_media：ヨーロッパアマツバメ（p9）、Gerald Corsi：ルリミツドリ（カバー , p3）、Gerdzhikov：ツバメチドリ（p24）、Giselle de Carvalho：アフリカヘラサギ（p25）、H_Yasui：アカショウビン（p1, p126）、Harry Collins：ミドリハチドリ（p2）、Henk Bogaard：オニオオハシ（p131）、Imogen Warren：オカメインコ（p139）、iwikoz6：コシグロペリカン（カバー , p109）、JeremyRichards：オウサマペンギン（p1, 99）、KEG-KEG：ダチョウ（帯, p54）、KeithSzafranski：コウテイペンギン（カバー , p100）、Ken Griffiths：ハヤブサ（p10）、koichi：ハシビロガモ（p7）、LaserLens：フィリピンワシ（p114）、leekris：ハヤブサ（カバー）、Lei Zhu：イワサザイ（p142）、lillitve：ヒインコ（p138）、LuCaAr：ダチョウ（p1, p34）、Malcolm：オオフラミンゴ（p88）、Mario Dalma Leon：アデリーペンギン（p5上）、MikeLane45：ニシイワツバメ（p8）・ヨーロッパカケス（p44左）、Miropa：コマダラキーウィ（p56）、MKemalSondas：ヒメアマツバメ（p9）、neil bowman：マダガスカルシマクイナ（p85）・トキハシゲリ（p92）・ハシブトコビトドリ（p127）・ワライハヤブサ（p135）、Nico Priewe：ツメバケイ（p111）、nieudacza：ヨーロッパカケス（p44右）、nztrevor：ミヤマオウム（p137右）、Oatfeelgood：オオハナインコ（p1, p138）、Ondrej Prosicky：アカノガンモドキ（p133）・ヤシオウム（p139）、Pavol Klimek：マガモ（p60）、Peeraphont：コバタン（p136）、Peter Accordino：ツバメトビ（p8）、PhiphatSuwanmon：アカショウビン（カバー）、photoncatcher：ミナミトラツグミ（p38）・ヤマムスメ（p145）、Ramon Portelli：ダチョウ（カバー）、Richard Constantinoff：カッコウ

（カバー , p51）、Rixipix：ホロホロチョウ (p65)、Rob Jansen：ヒノドハチドリ (p1)、Rogerio Peccioli：ミツユビキリハシ (p130)、Rudolf Ernst：アネハヅル（カバー , p83)、SCARPETTAA：ベニイロフラミンゴ（カバー , p50)、thawats：サンコウチョウ (p1, p144)、tiwaongin：オオサイチョウ/サイチョウ (p123)、Tristan Barrington Photography：ツメバケイ (p1, p51)、Tunatura：シラヒゲカンムリアマツバメ (p73)、Vladone：オシドリ (p1)、WC Tan：ヨウム (p137)、webguzs：アンデスイワドリ (p140)、Wim Hoek：コキンメフクロウ (p118)、Wirestock：マナヅル (p1)・ツバメ (p8)・メンフクロウ (p116)、zeusthegr8：オシドリ (p60)

stock.adobe.com/jp■AGAMI：ルリイロマダガスカルモズ (p30)・ハルマヘラズクヨタカ (p70)・クビワミフウズラ (p86)、Aisse：アカガオオオガシラ (p130)、ange：ルリカケス (p44)、Elena：ベニジュケイ（カバー）、Fabrizio Moglia：ヘビクイワシ (p113)、feathercollector：イイジマムシクイ (p45)、floris：ヘルメットモズ (p30)、F.Mikami：センダイムシクイ (p45)、Marc：アブラヨタカ (p67)、Michael

Meijer：ホオジロエボシドリ (p74)、Milan：ズアカゴシキドリ (p129左・右)、NICOLAS LARENTO：カンムリカイツブリ（カバー）、North sky：シマエナガ（カバー , p23)、PetrDolejsek：トキイロコンドル (p113)、photoncatcher36：チョウセンウグイス (p38)、Reto Ammann：ハシナガオオハシモズ (p30)、Rixie：コトドリ (p143)、sandpiper：オオソリハシシギ（帯, p36)、Silvio：タカ (p35)、Staffan Widstrand：オオズクヨタカ (p70)、TaliZorah：アカコブサイチョウ（カバー）、Thipwan：マレーミツオシエ (p130)、Unusvita Media：オオハシゴシキドリ (p131)、Wilfred：キツツキフィンチ (p29)、Willy：メスアカクイナモドキ (p78)、yukikazechihayate：キジバト (p80)・アオバズク (p118)、zampe238：サイチョウ (p51)

Jun Dolittle■カワウ (p107)、アオサギ (p110)、ゴイサギ（ホシゴイ）(p110中・右)、ゴイサギ (p110下)、ムクドリ (p147)

小宮輝之■上記を除くすべて

主な参考文献 （刊行年順）

『日本鳥類大図鑑 増補改訂版』清棲幸保［著］ 講談社　1971年
『世界の動物 分類と飼育（ガンカモ目）』黒田長久・森岡弘之［監修］東京動物園協会　1980年
『鳥の写真図鑑 完璧版 BIRDS（地球自然ハンドブック）』コリン・ハリソン、アラン・グリーンスミス［著］山岸哲［日本語版監修］日本ヴォーグ社　1995年
『日本の家畜・家禽』秋篠宮文仁・小宮輝之［監修・著］学研プラス　2009年
『鳥』コリン・タッジ［著］黒沢令子［訳］シーエムシー出版　2012年
『鳥の原寸大足型・足跡ハンドブック』小宮輝之・杉田平三［著］文一総合出版　2012年
『鳥（学研の図鑑LIVE)』小宮輝之［監修］学研プラス　2014年
『系統樹をさかのぼって見えてくる進化の歴史』長谷川政美［著］ベレ出版　2014年
『美しいハチドリ図鑑』マリアン・テイラー、マイケル・フォグデン、シェル・ウィリアムスン［著］小宮輝之［日本語版監修］井原恵子［訳］グラフィック社　2015年
『Illustrated Checklist of the Birds of the World』Josep del Hoyo & Nigel J. Collar Lynx　Vol.1 Non-passerines 2014年　Vol.2 Passerines　2016年
『マダガスカル島の自然史』長谷川政美［著］海鳴社　2018年
『飼いならす——世界を変えた10種の動植物』アリス・ロバーツ［著］斉藤隆央［訳］明石書店　2020年
『進化生物学者、身近な生きものの起源をたどる』長谷川政美［著］ベレ出版　2023年
『福井県立恐竜博物館展示図録』福井県立恐竜博物館　2023年
『日本鳥類目録 改訂第8版』日本鳥学会　2024年
国立科学博物館 特別展「鳥～ゲノム解析が解き明かす新しい鳥類の系統～」図録 日本経済新聞社、BSテレビ東京　2024年
Gill F, D Donsker & P Rasmussen (Eds). 2024. IOC World Bird List (v14.2). doi : 10.14344/IOC.ML.14.1.

知っているようで知らない鳥たちの魅力満載！

カンゼンの [鳥の本]
既刊ラインナップ

https://www.kanzen.jp/

「おもしろふしぎ鳥類学の世界」を旅する図鑑シリーズ

小宮輝之 監修　ポンプラボ 編集

※対象：小学校中学年以上
※総ルビ（すべての漢字にふりがながふられています）

第1弾 鳥のしぐさ・行動よみとき図鑑
ISBN978-4-86255-666-0

鳥たちが日常的によく見せるしぐさ・行動の意味や背景をビジュアル満載で紹介します。

第2弾 鳥の食べもの＆とり方・食べ方図鑑
ISBN978-4-86255-676-9

鳥たちの食べものと採食方法、そのための進化や生息地との関係などをひもときます。

第3弾 鳥の親子＆子育て図鑑
ISBN978-4-86255-701-8

鳥の親子の興味ぶかい関係、種によって異なるさまざまな子育てスタイルを紹介します。

第4弾 鳥の落としもの＆足あと図鑑
ISBN978-4-86255-727-8

鳥たちの生態がわかり行動を推測できるようになる痕跡（フィールドサイン）の数々を紹介します。

鳥図鑑シリーズ最新刊

せかいの国鳥 にっぽんの県鳥

小宮輝之 監修　ポンプラボ 編集
ISBN978-4-86255-744-5

世界60以上の国・地域の公式・非公式の国鳥と、47都道府県ほか日本の地方自治体のシンボル鳥を大紹介。鳥とともにそれぞれの土地の自然環境や歴史文化も学べる一冊です。

ビジュアルガイド「にっぽんの鳥」シリーズ　好評既刊

にっぽんのスズメ
小宮輝之 監修
ポンプラボ 編集
ISBN978-4-86255-661-5

にっぽんのカワセミ
矢野亮 監修
ポンプラボ 編集
ISBN978-4-86255-593-9

にっぽんのメジロ
小宮輝之 監修
ポンプラボ 編集
ISBN978-4-86255-689-9

にっぽんスズメ日誌
中野さとる 写真・文
ISBN978-4-86255-712-4

にっぽんカラス遊戯
松原始 監修・著
宮本桂 写真
ISBN978-4-86255-643-1

にっぽんツバメ紀行
宮本桂 写真
ポンプラボ 編集
ISBN978-4-86255-635-6

にっぽんのシギ・チドリ
築山和好 写真
ポンプラボ 編集
ISBN978-4-86255-510-3

にっぽん文鳥絵巻
ポンプラボ 編集
清水知恵子 写真
ISBN978-4-86255-511-3

監修 小宮輝之（こみやてるゆき）

1947年東京都生まれ。1972年に多摩動物公園に就職。以降、40年間にわたりさまざまな動物の飼育に関わる。2004年から2011年まで上野動物園園長。日本動物園水族館協会会長、日本博物館協会副会長を歴任する。2022年から日本鳥類保護連盟会長。現在は執筆・撮影、図鑑や動物番組の監修、大学、専門学校の講師などを務める。動物足拓コレクター、動物糞写真家でもある。近著に『人と動物の日本史図鑑』全5巻（少年写真新聞社）、『366日の誕生鳥辞典－世界の美しい鳥－』（いろは出版）、『いきもの写真館』全4巻（メディア・パル）、『うんちくいっぱい動物のうんち図鑑』（小学館クリエイティブ）、監修に『にっぽんのスズメ』『にっぽんのメジロ』『鳥のしぐさ・行動よみとき図鑑』『鳥の食べもの＆とり方・食べ方図鑑』『鳥の親子＆子育て図鑑』『鳥の落としもの＆足あと図鑑』『せかいの国鳥 にっぽんの県鳥』（カンゼン）、『お山のライチョウ』（偕成社）などがある。

STAFF

企画・編集	ポンプラボ
構成	立花律子（ポンプラボ）
ブックデザイン	寒水久美子
イラスト	松岡リキ
編集協力	小沢美紀

鳥のなかま&分類・系統図鑑

発行日　2025年3月21日　初版

監　　修	小宮輝之
編　　集	ポンプラボ
発 行 人	坪井義哉
発 行 所	株式会社カンゼン
	〒101-0041
	東京都千代田区神田須田町2-2-3 ITC神田須田町ビル
	TEL：03（5295）7723
	FAX：03（5295）7725
	https://www.kanzen.jp/
郵 便 振 替	00150-7-130339
印刷・製本	株式会社シナノ

万一、落丁、乱丁などがありましたら、お取り替えいたします。
本書の写真、記事、データの無断転載、複写、放映は、著作権の侵害となり、禁じております。
ISBN 978-4-86255-751-3　Printed in Japan
定価はカバーに表示してあります。
ご意見、ご感想に関しましては、kanso@kanzen.jpまで
Eメールにてお寄せください。お待ちしております。